伝熱学の基礎

第2版

吉田 駿 著

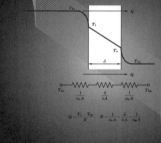

Ohmsha

本書を発行するにあたって，内容に誤りのないようできる限りの注意を払いましたが，本書の内容を適用した結果生じたこと，また，適用できなかった結果について，著者，出版社とも一切の責任を負いませんのでご了承ください．

本書に掲載されている会社名・製品名は一般に各社の登録商標または商標です．

本書は，「著作権法」によって，著作権等の権利が保護されている著作物です．本書の複製権・翻訳権・上映権・譲渡権・公衆送信権（送信可能化権を含む）は著作権者が保有しています．本書の全部または一部につき，無断で転載，複写複製，電子的装置への入力等をされると，著作権等の権利侵害となる場合があります．また，代行業者等の第三者によるスキャンやデジタル化は，たとえ個人や家庭内での利用であっても著作権法上認められておりませんので，ご注意ください．

本書の無断複写は，著作権法上の制限事項を除き，禁じられています．本書の複写複製を希望される場合は，そのつど事前に下記へ連絡して許諾を得てください．

出版者著作権管理機構
（電話 03-5244-5088，FAX 03-5244-5089，e-mail：info@jcopy.or.jp）

JCOPY ＜出版者著作権管理機構 委託出版物＞

まえがき

　熱エネルギーを直接取り扱う熱機器のみならず，多くのいろいろな分野で，伝熱学の知識が必要とされており，伝熱学は今や機械工学の基礎学問の重要な一つになっている．

　本書は，大学あるいは高専で初めて伝熱学を学ぶ者を対象とした1学期間の講義用教科書として使用されることを念頭において，著したものである．伝熱学に関する書籍は国内外で数多く出版されており，それらはそれぞれ特色のある優れた内容のものである．しかしながら，上記のような教科書として使用することを考えた場合，米国で出版された二三のものを除いて，適当なものはないというのが現状である．このため，著者の講義では，著者自身で作成した仮とじのテキストを使用していたが，これが幸いにも多くの学生達の好評を得ていた．そこで，上記の現状もかんがみ，今回これに手を加えて，本書を出版するに至った次第である．

　本書を著すにあたって特に留意した点は，次の二つである．まず一つは，伝熱の各現象の物理的な説明を簡潔に行うとともに，その定式化をわかりやすく示すことによって，伝熱学の基礎的な考え方が身につくように心掛けたことである．なお，その際に，伝熱現象の理解にとって本質的に重要である熱抵抗の概念を一貫して用いているのも本書の特長である．ただし，考え方がわかっても，実際に問題を解く能力がなければ，伝熱学を修得したことにはならない．そこで，本書では，通常よく遭遇する代表的な場合の伝熱計算に必要な式を示すとともに，例題を数多くあげて，考え方と問題を解く能力が十分に身につくように心掛けた．各例題には詳細な模範解答を示しているので，読者はまず解答を見ずに自分で例題を解いた後に，模範解答と比較することによって，自分の理解の正しさあるいは不十分な点を把握できる．更に，各章末には演習問題を設け，その解答欄（巻末）には，単に最終的な解答だけでなく，途中の要点も示している．な

お，例題のうち，例題番号の後に＊印を付したものは，レベルが若干高い問題である．

　本書は伝熱学を1学期間で初めて学ぶ者を対象としているために，記載している内容の範囲は限られたものになっている．例えば，非定常の伝熱にはほとんど触れていない．本書を講義の教科書として使用していただく際に，各項目の内容と分量に過不足を感じられる場合があると思う．そのような場合には，適当に省略あるいは追加をして本書を使用していただくことをお願いしたい．

　おわりに，本書の原稿作成に協力いただいた九州大学大学院 工学研究科助教授 森英夫氏と出版の世話をいただいた理工学社 吉住久氏にお礼を申し上げる．

1999年9月

吉田　駿

第2版の発刊にあたって

　本書の初版発刊（1999年）以来20年間，毎年，教科書あるいは参考書として多くの方々にご使用いただき，ありがたく幸いに存じております．この度，印刷方式のデジタル化を契機に，改訂を考えてみることにして，「大学あるいは高専で初めて伝熱学を学ぶ者を対象とした1学期間の講義用教科書」という点を念頭において本書を見直してみました．

　大幅な改訂の必要はありませんでしたが，本書をご利用される方々によりわかりやすく，そして伝熱学の基礎をよりよく理解していただきたいといった観点から，初版では省略していたいくつかの項目や説明を追加し，重要な用語とその説明の変更，例題と演習問題もいくつか追加し，多くの箇所で文章の変更や文言の追加・修正など，全般にわたって見直しを行いました．

　このように改訂を行った本書第2版が，初めて伝熱学を学ぶ方々のお役に立てば，著者としてこの上ない喜びです．

　なお，この度の第2版の出版のお世話をいただいたオーム社書籍編集局のみなさまに感謝いたします．

2019年11月

吉田　駿

目　　次

1章　序　　論

1·1　伝熱学とは ……………………………………… 001
1·2　伝熱の基本的な形態 ……………………………… 003
1·3　基　礎　用　語 ……………………………………… 004
　　　　〔例題 1·1〕　*006*

2章　熱伝導と熱通過

2·1　熱伝導の基礎理論 ………………………………… 007
　　2·1·1　フーリエの法則 …………………………… 007
　　2·1·2　基礎微分方程式 …………………………… 008
　　2·1·3　境界条件 …………………………………… 010
　　　　〔例題 2·1〕　*011*
　　　　〔例題 2·2〕　*013*
2·2　一次元定常熱伝導 ………………………………… 015
　　2·2·1　平板の場合 ………………………………… 016
　　　　〔例題 2·3〕　*018*
　　2·2·2　円管の場合 ………………………………… 018
　　　　〔例題 2·4〕　*020*

2・2・3　球殻の場合 ･･･ 021
　　　2・2・4　保温材 ･･ 022
　2・3　熱　通　過 ･･ 022
　　　2・3・1　熱通過序論 ･･ 022
　　　2・3・2　平板の場合 ･･ 023
　　　　〔例題 2・5〕 025
　　　2・3・3　円管の場合 ･･ 027
　　　　〔例題 2・6〕 028
　　　　〔例題 2・7 *〕 030
　　　　〔例題 2・8〕 032
　　　2・3・4　球殻の場合 ･･ 033
　　　2・3・5　熱通過における伝熱促進の考え方 ････････････････････ 034
　　　　〔例題 2・9〕 034
　2・4　フィンの伝熱 ･･ 036
　　　2・4・1　細長い棒状フィンの場合 ････････････････････････････ 036
　　　2・4・2　四角フィンの場合 ･･････････････････････････････････ 040
　　　2・4・3　フィン効率 ･･ 040
　　　　〔例題 2・10〕 041
　　　　〔例題 2・11〕 042
　　　　〔例題 2・12〕 044
　　　　〔例題 2・13〕 046

演習問題〔2・1～2・13〕 ･･･ 049

3章　対流伝熱

　3・1　熱伝達率 ･･ 053
　　　　〔例題 3・1〕 055
　3・2　対流伝熱の理論 ･･ 056

- **3・2・1** 基礎方程式 ··· 056
  〔例題 3・2〕 *061*
- **3・2・2** 対流伝熱の相似則 ··· 063

3・3 強制対流熱伝達 ·· 070
- **3・3・1** 境界層と熱伝達 ··· 070
- **3・3・2** 平板に沿った流れ ··· 072
  〔例題 3・3〕 *073*
  〔例題 3・4〕 *074*
  〔例題 3・5〕 *075*
- **3・3・3** 円柱のまわりの流れ（管外流） ·································· 076
  〔例題 3・6〕 *078*
- **3・3・4** 管内流 ··· 079
  〔例題 3・7 *〕 *084*
  〔例題 3・8〕 *087*
  〔例題 3・9〕 *088*
  〔例題 3・10〕 *090*
  〔例題 3・11〕 *091*

3・4 自然対流熱伝達 ·· 093
- **3・4・1** 自然対流 ··· 093
- **3・4・2** 垂直平板の場合 ··· 094
  〔例題 3・12〕 *095*
- **3・4・3** 水平平板の場合 ··· 095
- **3・4・4** 垂直円柱の場合 ··· 096
- **3・4・5** 水平円柱の場合 ··· 097
  〔例題 3・13〕 *097*

演習問題〔3・1 ～ 3・10〕 ·· 098

4章　相変化を伴う熱伝達

- **4・1** 相変化と伝熱 ··· 101
- **4・2** 沸騰熱伝達 ··· 101
  - **4・2・1** 沸騰の現象とその分類 ···································· 101
  - **4・2・2** プール沸騰熱伝達 ·· 102
    - 〔例題 4・1〕 *107*
    - 〔例題 4・2 *〕 *108*
  - **4・2・3** 外部流動沸騰熱伝達 ······································ 110
  - **4・2・4** 管内流沸騰熱伝達 ·· 111
    - 〔例題 4・3〕 *116*
- **4・3** 凝縮熱伝達 ··· 117
  - **4・3・1** 凝縮の現象とその分類 ···································· 117
  - **4・3・2** 体積力対流凝縮熱伝達 ···································· 118
    - 〔例題 4・4〕 *123*
  - **4・3・3** 強制対流凝縮および共存対流凝縮の熱伝達 ············ 124
  - **4・3・4** 管内流凝縮熱伝達 ·· 124
  - **4・3・5** 滴状凝縮 ··· 124

演習問題〔4・1 ～ 4・2〕 ··· 125

5章　放射伝熱

- **5・1** 熱放射の基本法則 ··· 127
- **5・2** 黒体面間の放射伝熱 ·· 131
  - 〔例題 5・1〕 *135*
  - 〔例題 5・2〕 *136*
- **5・3** 灰色面間の放射伝熱 ·· 137

5・3・1　灰色面における熱放射・・　137
　　　5・3・2　二面からなる系の場合・・・　139
　　　　〔例題 5・3〕 *141*
　　　　〔例題 5・4〕 *141*
　　　　〔例題 5・5〕 *142*
　　　　〔例題 5・6〕 *143*
　　　　〔例題 5・7〕 *143*
　　　　〔例題 5・8〕 *145*
　　　　〔例題 5・9〕 *146*
　　　　〔例題 5・10〕 *147*
　　　　〔例題 5・11〕 *148*
　　　5・3・3　三以上の面からなる系の場合・・・・・・・・・・・・・・・・・・・・・・・・・・・・・・・・・・　149
　　　　〔例題 5・12〕 *152*
　　　　〔例題 5・13 *〕 *153*
5・4　ガ ス 放 射・・　155

演習問題〔5・1〜5・11〕・・　156

6 章　熱 交 換 器

6・1　熱交換器序論・・　159
6・2　熱交換器の形式・・・　160
　　　6・2・1　熱交換方式と構造による分類・・・・・・・・・・・・・・・・・・・・・・・・・・・・・・・・・・　160
　　　6・2・2　流動方向による分類・・・　163
6・3　対数平均温度差による計算方法・・　165
　　　6・3・1　並流式および向流式熱交換器・・・・・・・・・・・・・・・・・・・・・・・・・・・・・・・・・・　166
　　　6・3・2　多重平行流式および直交流式熱交換器・・・・・・・・・・・・・・・・・・・・・・・・・　168
　　　　〔例題 6・1〕 *171*
　　　　〔例題 6・2〕 *172*

〔例題 6・3〕 172
〔例題 6・4 *〕 173
〔例題 6・5 *〕 177
〔例題 6・6〕 179

6・4 温度効率・熱交換単位数による計算方法 ················· 180

〔例題 6・7〕 184
〔例題 6・8〕 188
〔例題 6・9〕 189

6・5 汚れ係数 ·· 191

〔例題 6・10〕 192

演習問題〔6・1～6・9〕·· 194

演習問題解答　197
引用文献　207
索　引　209

1
序　論

1·1　伝熱学とは

　自然界には，温度差があるということだけによって，熱と呼ばれるエネルギーが移動するという普遍的な現象がある．しかしながら，温度差が同じであれば，いつも同じだけの熱量が伝わるのか，というとそうではなく，状況によって伝わる熱量は異なってくる．これは，熱の流れには必ず何らかの抵抗（これを**熱抵抗**という）が存在しており，この熱抵抗が状況によって種々異なっているからである．

　一般に物理現象としてあるものが流れるとき，その流量は次式によって決まる．

$$\text{流　量} = \frac{\text{ポテンシャル差}}{\text{抵　抗}} \tag{1·1}$$

　ものの流れの例として，電気回路における電気エネルギーの流れや管路内の流体の流れがあるが，電気エネルギーの流れでは，与えられた電位差（ポテンシャル差）のもとで，電気抵抗に対応して電流（電気エネルギーの流量）が決まるし，管路内の流体の流れでは，与えられた圧力差（ポテンシャル差）のもとで，流動抵抗（管摩擦などの抵抗）に対応して質量流量が決まる．熱エネルギーの流れもこれらと同様であり，**温度差**（temperature difference）というポテンシャル差のもとで，**熱抵抗**（thermal resistance）に応じて，**伝熱量**（熱エネルギーの流量，すなわち単位時間あたりに伝わる熱量，heat transfer rate）が決まることになる．すなわち，

$$\text{伝熱量}[\text{W}] = \frac{\text{温度差}[\text{K または }°\text{C}]}{\text{熱抵抗}[\text{K/W}]} \tag{1·2}$$

という関係がある．

したがって，伝熱学とは，いろいろな場合の熱抵抗を見積もるための学問であるといえる．熱抵抗の値を知ることができれば，たとえば，所要の性能をもった熱利用装置を設計し（伝熱面積の計算），それを安全に運転し（伝熱面温度の計算），さらにはその性能を向上（伝熱量を増大または伝熱面積を減少）させる工夫をすることができる．ただし，伝熱学では，従来から，前述の関係を，熱抵抗ではなく，その逆数である熱の伝わりやすさ（thermal conductance）で表現してきた．すなわち，1・3節以降で述べる熱通過率や熱伝達率を定義し，これらを用いて伝熱計算を行うのが慣例である．したがって，上述の伝熱学の目的は，いろいろな場合の熱通過率や熱伝達率を見積もることであると言い換えてよい．

ところで，熱力学では通常平衡状態にある系のみを取り扱うので，系がある平衡状態から他の平衡状態へ変化するために必要なエネルギーの量は熱力学によって知ることができるが，その状態変化がどのような速さで生じるのか，あるいは変化中のある時刻でどのような状態になっているのかは，熱力学によっては知ることができず，伝熱学の知識が必要となる．以下にその例をいくつか挙げてみる．

① 直径5 cm，温度300°Cの銅球を温度20°Cの水槽内に浸して冷却する場合：最終的に熱平衡状態になったときの銅球と水の温度および銅球から取り去られる熱量は熱力学によって容易に知ることができるが，平衡状態になるまでにどれだけ時間がかかるか，あるいはたとえば浸して1秒後の銅球の温度は何度になっているかを知るためには，伝熱学の知識が必要である．

② 20°Cの水によって，毎秒1 kgの潤滑油を60°Cから30°Cに冷却したい場合：毎秒油から取り去るべき熱量は熱力学によって容易にわかるが，このような冷却をするためには，油と水との間の熱交換をどのような方法で行えば最もよいか，そしてその場合にどれだけの大きさの装置が必要であるかを知るためには，伝熱学の知識が必要である．

③ 最近の高集積化されたICチップでは発熱量が大きくなっており，そのままではチップの温度が高くなりすぎてICが正常にはたらかなくなる．正常にはたらく温度までチップを冷却するためには，どのような方法（たとえば，空気をある速度で流すとか，水で冷却するとかの方法）をとればよいか，という問題の解決には，伝熱学の知識が必要である．

以上のように，所要の性能をもった熱装置の設計とその性能向上，あるいは各種装置の安全な運転などのためには，伝熱学の知識が必要である．

1・2　伝熱の基本的な形態

伝熱には，次の三つの基本的な形態がある．

（1）　伝　導（conduction）

物体内の粒子の接触によって，温度の高い粒子から温度の低い粒子に熱が次々に伝えられる現象を**熱伝導**という．

（2）　対　流（convection）

流体粒子およびその塊りの運動あるいは混合によって，固体表面と流体との間で熱が伝えられる現象を**対流伝熱**あるいは**熱伝達**という．対流には次の二つの形式がある．

　　強制対流（forced convection）

　　　ポンプや送風機などによる外部からの強制力が流体の運動をひきおこす原因になっている対流．

　　自然対流（natural convection）

　　　自由対流（free convection）ともいう．外部からの強制力ははたらいておらず，流体内の温度差に対応した密度の差が流体の運動をひきおこす原因になっている対流．

（3）　放　射（radiation）

ふく射ともいう．すべての物体は，その温度に応じて，エネルギーを電磁波の形で放出したり，吸収したりする〔これを**熱放射**（thermal radiation）または**熱ふく射**という〕．したがって，温度の異なる物体面間では，それらが相互にやりとりするエネルギーの差し引き正味の形で高温物体から低温物体へ伝熱が行われる．これを**放射伝熱**または**ふく射伝熱**という．

実際には，これらの伝熱形態がそれぞれ単独に生じていることもあるが，これらのうちの二つあるいは三つが同時に生じている場合も多い．

1·3 基礎用語

(1) 熱通過

固体壁等で隔てられた二流体間の伝熱を**熱通過**という．いま，ある熱通過を考える．

T_{b1} および T_{b2}：流体 1 および流体 2 の温度 [K または °C]

A：壁の片面の表面積（これを**伝熱面積**という）[m^2]

とすると，流体 1 から流体 2 に単位時間あたりに伝わる熱量 Q は，温度差 $T_{b1} - T_{b2}$ および伝熱面積 A に比例するので，次のように表される．

$$Q = k(T_{b1} - T_{b2})A \quad [\text{W}] \tag{1·3}$$

ここに，係数 k [W/(m^2·K)] を**熱通過率**（overall heat transfer coefficient）という．式(1·3)を書き直すと，

$$Q = \frac{T_{b1} - T_{b2}}{\dfrac{1}{kA}} \quad [\text{W}] \tag{1·4}$$

したがって，この場合の熱抵抗，すなわち**熱通過の抵抗**は $1/(kA)$ [K/W] である．

(2) 熱伝導

厚さ δ [m] の固体壁内の伝熱を考える．

T_i および T_o：固体壁の両表面のそれぞれの温度 [K または °C]

A：壁の断面積 [m^2]

とすると，一方の面 i から他方の面 o に固体壁内を単位時間あたりに伝わる熱量 Q は，温度差 $T_i - T_o$ および断面積 A に比例し，厚さ δ に反比例するので，次のように表される．

$$Q = \frac{\lambda}{\delta}(T_i - T_o)A \quad [\text{W}] \tag{1·5}$$

ここに，係数 λ [W/(m·K)] を**熱伝導率**（thermal conductivity）という．

この場合の**熱伝導の抵抗**は $\delta/(\lambda A)$ [K/W] である．

(3) 熱伝達（対流伝熱）

固体壁表面と流体との間の伝熱を考える．

T_w および T_b：固体壁表面および流体の温度 [K または °C]

とすると，固体壁表面（伝熱面）から流体に単位時間あたりに伝わる熱量 Q は，温度差 $T_w - T_b$ および表面積（伝熱面積）A に比例するので，次のように表される．

$$Q = \alpha(T_w - T_b)A \quad [\text{W}] \tag{1・6}$$

ここに，係数 α [W/(m²・K)] を**熱伝達率**（heat transfer coefficient）という．
熱伝達（対流伝熱）の抵抗は $1/(\alpha A)$ [K/W] である．

注：熱伝達率のことを**熱伝達係数**と呼ぶこともある．この呼称のほうが適切であり，著者は通常これを用いているが，全体的には熱伝達率と呼んでいる人のほうが多いので，本書ではその呼び方を用いることにする．同様に，熱通過率を**熱通過係数**と呼ぶこともあり，この呼称のほうが適切であるが，上と同じ理由から，本書では熱通過率という呼び方を用いることにする．

(4) 放射伝熱（ふく射伝熱）

T_1 および T_2：高温物体の表面および低温物体の表面の絶対温度 [K]

A_1 および A_2：高温物体および低温物体の表面積 [m²]

とすると，放射によって高温物体から低温物体に単位時間あたりに伝わる正味の熱量 Q は次式で表される．

$$Q = \sigma \Phi_{12}(T_1^4 - T_2^4)A_1 = \sigma \Phi_{21}(T_1^4 - T_2^4)A_2 \quad [\text{W}] \tag{1・7}$$

ここに，$\sigma = 5.67 \times 10^{-8}$ W/(m²・K⁴)：**ステファン・ボルツマン定数**

Φ_{12}, Φ_{21}：物体表面の性状と系の形状によって決まる定数

(5) 熱流束

熱エネルギーが移動しているとき，その流れを熱流という．熱流の中に微小面積 dA をとり，その面を通って単位時間あたりに dQ の熱量が流れている場合，

$$q = \frac{dQ}{dA} \quad [\text{W/m}^2] \tag{1·8}$$

で表される q を**熱流束**（heat flux）と呼ぶ．熱量 Q [W] が横切って流れている面 A [m^2] にわたって q が一様のときには，

$$q = \frac{Q}{A} \quad [\text{W/m}^2] \tag{1·9}$$

〔例題 1·1〕

外径 76 mm，長さ 1.42 m，外面温度 100°C の円管が 10°C の空気中に設置されている．この管の外表面から対流と放射によって，単位時間あたり 340 W の熱が周囲に放散されている．対流による熱伝達率は 8.1 W/(m^2/K) である．放射による単位時間あたりの放熱量はいくらと考えられるか．

〔**解**〕

管の外表面積 A は，

$$A = \pi DL = \pi \times 0.076 \times 1.42 = 0.339 \text{ m}^2$$

対流による放熱量 Q_c は，式(**1·6**)から，

$$Q_c = 8.1(100 - 10) \times 0.339 = 247 \text{ W}$$

全放熱量を Q，放射による放熱量を Q_r とすると，

$$Q = Q_c + Q_r = 247 + Q_r = 340 \text{ W}$$

したがって，放射による放熱量は

$$Q_r = 340 - 247 = 93 \text{ W}$$

2

熱伝導と熱通過

2・1 熱伝導の基礎理論

2・1・1 フーリエの法則

　物体内に温度分布があるために，その物体内で熱が伝導によって流れている場合を考える．物体内の任意の点の温度を T とすれば，その点における微小面積 dA を通して，その法線方向 n に単位時間あたり流れる熱量 dQ は，面積 dA およびその点における法線方向の温度勾配 $\partial T/\partial n$ に比例する．すなわち，

$$dQ = -\lambda \frac{\partial T}{\partial n} dA \quad [\text{W}] \tag{2・1}$$

　この関係を**フーリエ（Fourier）の法則**という．

式(2・1)に関する注釈：
(1) 　比例定数 λ [W/(m・K)] を**熱伝導率**と呼ぶ．これは物質の種類とその状態（温度と圧力）によって決まる定数（物性値）である．この値が大きいほど熱が伝わりやすい．温度20°Cにおけるいくつかの代表的な物質の λ の値を表 **2・1** に示す．
(2) 　右辺に負号がついているのは，dQ と $\partial T/\partial n$ の符合に矛盾がないようにするためである．たとえば，n の正の向きに温度が高くなっていれば，熱は n の負の向きに流れるので，$\partial T/\partial n$ の値が正のとき dQ の値は負でなければならない．
(3) 　物体が固体，液体，気体のいずれであれ，また物体の形状がどうであれ，さらに状態が時間が経っても変わらない定常状態と状態が時間とともに変わる非定常状態のいずれであれ，熱伝導に関して一般になりたつ関係である．

表 2・1　いろいろな物質の熱伝導率 λ（温度 20°C における値）

物　　質	λ [W/(m·K)]	物　　質	λ [W/(m·K)]
亜　鉛	112	紙	0.13
アルミニウム	204	もめん	0.055
銀	419	杉（繊維に直角方向，繊維方向はこの約2倍）	0.106
す　ず	64		
鉄	73	ひのき（同上）	0.135
鋳　鉄（4 C 以下）	52	ガラス	0.76
炭素鋼（0.5 C 以下）	54	コンクリート	0.8 ～ 1.4
〃　　（1.0 C）	43	れんが（普通）	0.56 ～ 1.08
〃　　（1.5 C）	36	シャモットれんが	0.40 ～ 0.58
銅	386	水	0.599
銅（普通市販）	372	空気	0.026

2・1・2　基礎微分方程式

　熱伝導に関する問題は，一般に，熱伝導の基礎微分方程式をたて，それを解くことによって解決される．熱伝導の基礎微分方程式は，フーリエの法則を適用して，物体内の微小体積要素に関する熱収支を考えることにより導くことができる．一般的な熱伝導の基礎微分方程式は次のようにして求められる．

　物体内部に $O\text{-}x, y, z$ の直角座標をとり，辺の長さが dx，dy，dz である微小六面体の体積要素を考える．この体積要素への熱の出入りは図 2・1 に示したようになる．ここに，体積要素に流入する熱量 Q_x，Q_y および Q_z はフーリエの法則からそれぞれ次のように表される．

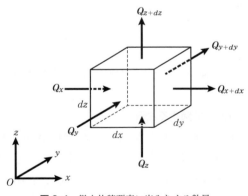

図 2・1　微小体積要素に出入りする熱量

$$Q_x = -\lambda \frac{\partial T}{\partial x} dydz \quad [\text{W}] \tag{2・2}$$

$$Q_y = -\lambda \frac{\partial T}{\partial y} dzdx \quad [\text{W}] \tag{2・3}$$

$$Q_z = -\lambda \frac{\partial T}{\partial z} dxdy \quad [\text{W}] \tag{2·4}$$

体積要素から流出する熱量，たとえば Q_{x+dx} は，Q_x と比べて距離 dx 分だけ異なるので，

$$Q_{x+dx} = Q_x + \frac{\partial Q_x}{\partial x}dx = -\lambda \frac{\partial T}{\partial x}dydz - \frac{\partial}{\partial x}\left(\lambda \frac{\partial T}{\partial x}\right)dxdydz \tag{2·5}$$

Q_{y+dy} と Q_{z+dz} についても同様に表すことができる．

物体内で単位時間，単位体積あたり H [W/m^3] の熱量が発生しているとすれば，この体積要素における熱量の収支から，単位時間あたり体積要素に蓄えられる熱量 Q_1 は，

$$\begin{aligned}Q_1 &= (Q_x + Q_y + Q_z) - (Q_{x+dx} + Q_{y+dy} + Q_{z+dz}) + Hdxdydz \\ &= \left\{\frac{\partial}{\partial x}\left(\lambda \frac{\partial T}{\partial x}\right) + \frac{\partial}{\partial y}\left(\lambda \frac{\partial T}{\partial y}\right) + \frac{\partial}{\partial z}\left(\lambda \frac{\partial T}{\partial z}\right) + H\right\}dxdydz \quad [\text{W}]\end{aligned} \tag{2·6}$$

この蓄えられた熱によって体積要素の温度が上昇する．その温度上昇に費やされる単位時間あたりの熱量 Q_2 は，

$$Q_2 = c\rho \frac{\partial T}{\partial t} dxdydz \quad [\text{W}] \tag{2·7}$$

ここに，　c：物体の比熱 [J/(kg·K)]
　　　　　ρ：物体の密度 [kg/m^3]
　　　　　t：時間 [s]

熱量 Q_1 と Q_2 は等しいはずであるから，これより次に示す熱伝導の基礎微分方程式が得られる．

（1） 最も一般的な場合

$$c\rho \frac{\partial T}{\partial t} = \frac{\partial}{\partial x}\left(\lambda \frac{\partial T}{\partial x}\right) + \frac{\partial}{\partial y}\left(\lambda \frac{\partial T}{\partial y}\right) + \frac{\partial}{\partial z}\left(\lambda \frac{\partial T}{\partial z}\right) + H \tag{2·8}$$

円筒座標 (r, φ, z) では，

$$c\rho \frac{\partial T}{\partial t} = \frac{1}{r}\frac{\partial}{\partial r}\left(\lambda r \frac{\partial T}{\partial r}\right) + \frac{1}{r}\frac{\partial}{\partial \varphi}\left(\frac{\lambda}{r} \frac{\partial T}{\partial \varphi}\right) + \frac{\partial}{\partial z}\left(\lambda \frac{\partial T}{\partial z}\right) + H \tag{2·9}$$

球座標 (r, θ, φ) では，

$$c\rho \frac{\partial T}{\partial t} = \frac{1}{r^2}\left\{\frac{\partial}{\partial r}\left(\lambda r^2 \frac{\partial T}{\partial r}\right) + \frac{1}{\sin\theta}\frac{\partial}{\partial \theta}\left(\lambda \sin\theta \frac{\partial T}{\partial \theta}\right) + \frac{1}{\sin^2\theta}\frac{\partial}{\partial \varphi}\left(\lambda \frac{\partial T}{\partial \varphi}\right)\right\} + H \tag{2·10}$$

(2) 熱伝導率が一定の場合

$$\frac{\partial T}{\partial t} = a\left(\frac{\partial^2 T}{\partial x^2} + \frac{\partial^2 T}{\partial y^2} + \frac{\partial^2 T}{\partial z^2}\right) + \frac{H}{c\rho} \tag{2·11}$$

$$\frac{\partial T}{\partial t} = a\left(\frac{\partial^2 T}{\partial r^2} + \frac{1}{r}\frac{\partial T}{\partial r} + \frac{1}{r^2}\frac{\partial^2 T}{\partial \varphi^2} + \frac{\partial^2 T}{\partial z^2}\right) + \frac{H}{c\rho} \tag{2·12}$$

$$\frac{\partial T}{\partial t} = a\left(\frac{\partial^2 T}{\partial r^2} + \frac{2}{r}\frac{\partial T}{\partial r} + \frac{1}{r^2}\frac{\partial^2 T}{\partial \theta^2} + \frac{\cos\theta}{r^2\sin\theta}\frac{\partial T}{\partial \theta} + \frac{1}{r^2\sin^2\theta}\frac{\partial^2 T}{\partial \varphi^2}\right) + \frac{H}{c\rho} \tag{2·13}$$

ここに，$a = \dfrac{\lambda}{c\rho}$：　**温度伝導率**（thermal diffusivity）$[\mathrm{m^2/s}]$　物質の種類およびその温度と圧力によって決まる定数（物性値）である．この値が大きい物体ほど，温度の変化が伝わりやすい．

(3) 熱伝導率が一定で，内部発熱がなく，定常の場合

$$\frac{\partial^2 T}{\partial x^2} + \frac{\partial^2 T}{\partial y^2} + \frac{\partial^2 T}{\partial z^2} = 0 \tag{2·14}$$

$$\frac{\partial^2 T}{\partial r^2} + \frac{1}{r}\frac{\partial T}{\partial r} + \frac{1}{r^2}\frac{\partial^2 T}{\partial \varphi^2} + \frac{\partial^2 T}{\partial z^2} = 0 \tag{2·15}$$

$$\frac{\partial^2 T}{\partial r^2} + \frac{2}{r}\frac{\partial T}{\partial r} + \frac{1}{r^2}\frac{\partial^2 T}{\partial \theta^2} + \frac{\cos\theta}{r^2\sin\theta}\frac{\partial T}{\partial \theta} + \frac{1}{r^2\sin^2\theta}\frac{\partial^2 T}{\partial \varphi^2} = 0 \tag{2·16}$$

2·1·3　境界条件

熱伝導の微分方程式に対する境界条件には，次のようなものがある．

(1) 境界面（$x = x_0$）の温度 T_0 が与えられている：

$$x = x_0 \quad ; \quad T = T_0 \tag{2・17}$$

（2） 境界面 $(x = x_0)$ で熱流束 q_0 が与えられている：

$$x = x_0 \quad ; \quad -\lambda \frac{\partial T}{\partial x} = q_0 \tag{2・18}$$

境界面 $(x = x_0)$ で熱的に絶縁されている：

$$x = x_0 \quad ; \quad \frac{\partial T}{\partial x} = 0 \tag{2・19}$$

（3） 境界面 $(x = x_0)$ で温度 T_b の流体と熱伝達率 α で熱交換を行っている：

$$x = x_0 \quad ; \quad -\lambda \frac{\partial T}{\partial x} = \alpha(T - T_b) \tag{2・20}$$

〔例題 2・1〕

空中に設置した半径 R [m] の長くて太い裸の電線に，ある一定の電流を流している．このとき，ジュール発熱によって，電線内で単位時間，単位体積あたり H [W/m^3] の熱量が発生する．電線の熱伝導率は λ [W/(m・K)]，周囲の空気の温度は T_b [℃]，電線の表面と空気との間の熱伝達率は α [W/(m^2・K)] として，次の問いに答えよ．

（1） この場合，電線の長さ方向と周方向には温度は変化していないと考えてよいので，電線内の温度は半径方向にのみ分布をもつ．電線の中心から任意の点までの距離を r [m] として，電線内の微小体積要素に関する熱収支を考えることによって，定常状態における電線の温度分布 $T(r)$ [℃] に関する微分方程式を導け．

（2） 上記の微分方程式に対する境界条件を記せ．

（3） 上記（2）の条件のもとで，（1）の微分方程式を解いて，温度分布 $T(r)$ [℃] を求めよ．

〔解〕

（1） 図 2・2 のように，半径 r のところに微小な厚さ dr の円環状微小体積要素を想定し，この体積要素に関する熱収支を考える（電線の長さを一応 L とする）．

体積要素に入る熱量 Q_r は，

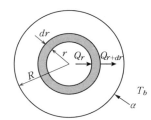

図 2・2　例題 2・1 の系

$$Q_r = -\lambda \frac{dT}{dr} 2\pi r L$$

体積要素から出ていく熱量 Q_{r+dr} は,

$$Q_{r+dr} = Q_r + \frac{dQ_r}{dr}dr = -\lambda \frac{dT}{dr} 2\pi r L - \lambda \frac{d}{dr}\left(r\frac{dT}{dr}\right)dr 2\pi L$$

体積要素内で発生する熱量 Q_g は,

$$Q_g = H\, 2\pi r L dr$$

定常状態では,

$$Q_r + Q_g = Q_{r+dr}$$

$$\therefore \quad \frac{d}{dr}\left(r\frac{dT}{dr}\right) + \frac{H}{\lambda}r = 0 \tag{1}$$

(2) 電線の中心 ($r=0$) は温度分布の対称軸になっており, この軸を横切って熱が流れることはないので,

$$r = 0 \quad;\quad \frac{dT}{dr} = 0 \tag{2}$$

電線の表面 ($r=R$) では, 対流によって周囲の空気に熱が伝えられているので,

$$r = R \quad;\quad -\lambda \frac{dT}{dr} = \alpha(T - T_b) \tag{3}$$

(3) 式(1)を r について積分して,

$$\frac{dT}{dr} + \frac{H}{2\lambda}r = \frac{C_1}{r}$$

式(2)の条件から, $C_1 = 0$

上式をさらに積分して,

$$T + \frac{H}{4\lambda}r^2 = C_2$$

式(3)の条件から,

$$-\lambda\left(-\frac{HR}{2\lambda}\right) = \alpha\left(C_2 - \frac{HR^2}{4\lambda} - T_b\right)$$

$$\therefore\quad C_2 = T_b + \frac{HR}{2\alpha} + \frac{HR^2}{4\lambda}$$

$$\therefore \quad T = \frac{H}{4\lambda}(R^2 - r^2) + \frac{HR}{2\alpha} + T_b$$

〔例題 2･2〕

厚さ L，熱伝導率 λ の平板状の物体がマイクロ波によって加熱（高周波加熱）され，このため物体内部で単位体積，単位時間あたり次のような熱量 $H(x)$ が生じている．

$$H(x) = H_0\left(1 - \frac{x}{L}\right) \quad [\text{W/m}^3]$$

ここに，H_0 は一定値であり，x はマイクロ波が入射する表面から物体内部へ測った距離である．物体の $x=0$ の面は温度 T_b の空気にさらされていて，その熱伝達率は α であり，他方の $x=L$ の面は完全に断熱されている．この場合について，次の問いに答えよ．

（1） 定常状態における物体内の温度分布 $T(x)$ を求めよ．
（2） $L = 72$ mm，$\lambda = 0.25$ W/(m･K)，$H_0 = 22$ kW/m³，$T_b = 20$°C のとき，物体内の温度をどこでも 120°C 以下にするためには，物体表面から空気への熱伝達率はいくらでないといけないか．ただし，物体表面から周囲への放射伝熱は無視する．

〔解〕
（1） 図 2･3 のように，物体内の任意の点 x における微小体積要素 Adx（A は物体の断面積）に関する熱収支を考える．

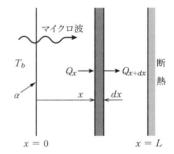

図 2･3 例題 2･2 の系

$$Q_x = -\lambda \frac{dT}{dx} A$$

$$Q_{x+dx} = Q_x + \frac{dQ_x}{dx} dx = -\lambda \frac{dT}{dx} A - \lambda \frac{d^2 T}{dx^2} A dx$$

定常状態では，

$$Q_x + HAdx = Q_{x+dx}$$

$$\therefore \quad \lambda \frac{d^2 T}{dx^2} + H_0\left(1 - \frac{x}{L}\right) = 0 \tag{1}$$

境界条件は，式(2·20)と式(2·19)から，

$$x=0 \quad ; \quad -\lambda \frac{dT}{dx} = \alpha(T_b - T) \tag{2}$$

$$x=L \quad ; \quad \frac{dT}{dx} = 0 \tag{3}$$

式(1)を積分して，

$$\lambda \frac{dT}{dx} + H_0\left(x - \frac{x^2}{2L}\right) = C_1$$

式(3)の条件から，$C_1 = \dfrac{LH_0}{2}$

上式をさらに積分して，

$$\lambda T + H_0\left(\frac{x^2}{2} - \frac{x^3}{6L}\right) = \frac{LH_0}{2}x + C_2$$

式(2)の条件から，$C_2 = \lambda T_b + \dfrac{\lambda L H_0}{2\alpha}$

$$\therefore \quad T = T_b + \frac{LH_0}{2\alpha} + \frac{L^2 H_0}{6\lambda}\left[3\left(\frac{x}{L}\right) - 3\left(\frac{x}{L}\right)^2 + \left(\frac{x}{L}\right)^3\right] \tag{4}$$

(2) 式(4)の温度分布は $x/L=1$ で極大値をとる．すなわち，物体温度は $x=L$ で最高になるので，ここの温度が 120°C 以下になればよい．式(4)から，

$$T_{\max} = T_{x=L} = T_b + \frac{LH_0}{2\alpha} + \frac{L^2 H_0}{6\lambda} \leq 120$$

$$\therefore \quad \alpha \geq \frac{LH_0}{2\left(120 - T_b - \dfrac{L^2 H_0}{6\lambda}\right)} = \frac{0.072 \times 22 \times 10^3}{2\left(120 - 20 - \dfrac{0.072^2 \times 22 \times 10^3}{6 \times 0.25}\right)} = 33$$

したがって，α は 33 W/(m²·K) 以上であればよい．

注：上の例では，物体内の最高温度は上述のように $x=L$ の点における温度である．一方，物体内の最低温度は $x=0$ の点における温度で，これは次式で表される．

$$T_{\min} = T_{x=0} = T_b + \frac{LH_0}{2\alpha}$$

いま，次のような温度差の比を考えてみる．

$$\frac{T_{\min}-T_b}{T_{\max}-T_b}=\frac{\dfrac{LH_0}{2\alpha}}{\dfrac{LH_0}{2\alpha}+\dfrac{L^2H_0}{6\lambda}}=\frac{1}{1+\dfrac{1}{3}\dfrac{\alpha L}{\lambda}} \tag{5}$$

式(5)最右辺中の無次元数 $Bi=\alpha L/\lambda$ は**ビオ数**（Biot number）と呼ばれており，一般に，流体によって加熱または冷却される固体の内部の温度分布を支配する重要な無次元特性数である．ビオ数 Bi は固体内の熱伝導の抵抗を代表する L/λ と固体表面における熱伝達の抵抗 $1/\alpha$ との比を表している．Bi が大きいと，熱伝導の抵抗のほうが大きくて，固体表面と流体との温度差よりも大きい温度差が固体内で生じることになり，Bi が小さいと，熱伝達の抵抗のほうが大きくて，固体内で生じる温度差は比較的小さくなる．したがって，$Bi\to\infty$ ならば，熱伝達の抵抗がゼロに近づいて（$\alpha\to\infty$），流体と接した固体表面の温度は流体温度に等しくなり〔式(5)では $T_{\min}\to T_b$〕，$Bi\to0$ ならば，固体内は一様な温度に近づく〔式(5)では $T_{\min}\to T_{\max}$〕．たとえば，半径 R の高温の金属球を水に浸して冷却する場合，$Bi=\alpha R/\lambda\leq0.2$ であれば，金属球は任意の時刻で一様な温度になっているとみなしてよい．

なお，$Bi=\alpha L/\lambda$ は後述の対流伝熱におけるヌセルト数 $Nu=\alpha L/\lambda$ 〔**3**章の式(**3·33**)〕と同じ形をしているが，Bi 中の λ は固体の熱伝導率であるのに対し，Nu 中の λ は流体の熱伝導率である．この点を混同しないように注意しておく．

2·2　一次元定常熱伝導

以下に，一次元定常熱伝導の場合の温度分布と伝熱量を考える．温度分布を求めるためには，熱伝導の基礎微分方程式を適当な境界条件のもとで解けばよい．温度分布がわかれば，フーリエの法則から伝熱量を知ることができる．なお，基礎微分方程式は，式(**2·8**)〜式(**2·16**)のいずれかの式をその場合の状況に適合するように簡略化して求めてもよいが，微小体積要素に関する熱収支を考えて，その場合に応じた方程式を自分で導くことができるようになっておくことが望ましい．

2·2·1 平板の場合

図 2·4 に示すような厚さ δ [m], 断面積(片面の表面積) A [m^2], 熱伝導率 λ [W/(m·K)], 表面の温度がそれぞれ T_i と T_o である平板内の厚さ方向一次元定常熱伝導を考える.

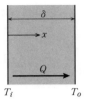

図 2·4 平板内一次元定常熱伝導
(y方向とz方向は温度一様)

温度分布

この場合の基礎微分方程式は, 平板内の微小体積要素 Adx に関する熱収支を考えて(例題 2·2 参照),

$$\frac{d^2T}{dx^2} = 0 \tag{2·21}$$

境界条件は,

$$\left. \begin{array}{l} x = 0 \ ; \ T = T_i \\ x = \delta \ ; \ T = T_o \end{array} \right\} \tag{2·22}$$

式(2·21)を式(2·22)の境界条件のもとで解いて,

$$T = T_i - \frac{x}{\delta}(T_i - T_o) \quad [\text{K または °C}] \tag{2·23}$$

伝熱量

フーリエの法則, 式(2·1)から,

$$Q = -\lambda \frac{dT}{dx} A \quad [\text{W}] \tag{2·24}$$

式(2·23)を式(2·24)に代入して,

$$Q = \frac{\lambda}{\delta}(T_i - T_o)A \quad [\text{W}] \tag{2·25}$$

いまの場合, 式(2·24)の dT/dx に式(2·23)を代入する代わりに, フーリエの法則を表す式(2·24)を直接 $x = 0$; $T = T_i$ から $x = \delta$; $T = T_o$ まで積分する (Q, λ, A は一定) ことによっても, 式(2·25)が求まる.

λ が温度によって変わる場合の伝熱量は, 温度 $(T_i + T_o)/2$ における λ の値を用いれ

ば，式(2・25)から近似的に計算できる．

式(2・25)を書き直すと，

$$Q = \frac{T_i - T_o}{\dfrac{\delta}{\lambda A}} \quad [\text{W}] \tag{2・26}$$

ここに，$\delta/(\lambda A)$：**平板における熱伝導の抵抗**[K/W]

多層平板の場合

図2・5に示すように，材質が異なる複数の平板が密着して重ね合わさっている多層壁内の厚さ方向一次元定常熱伝導では，$\delta_k/(\lambda_k A)$（$k = 1, 2, \cdots, n$）の熱抵抗が直列に存在するから，

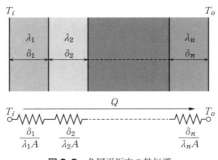

図2・5 多層平板内の熱伝導

$$Q = \frac{T_i - T_o}{\displaystyle\sum_{k=1}^{n} \frac{\delta_k}{\lambda_k A}} \quad [\text{W}] \tag{2・27}$$

あるいは，この式を書き直して，

$$Q = \frac{(T_i - T_o)A}{\dfrac{\delta_1}{\lambda_1} + \dfrac{\delta_2}{\lambda_2} + \cdots + \dfrac{\delta_n}{\lambda_n}} \quad [\text{W}] \tag{2・28}$$

注：固体表面には微小な凹凸があるので，固体同士の接触部で，真に固体同士が密着している箇所のほかに，空気の微小な隙間が多少とも点在する．空気は熱伝導率が非常

に小さい．このため，接触部に熱抵抗が生じる．これを**接触熱抵抗**（thermal contact resistance）という．多層の熱伝導では，たとえば，接触面圧が小さいときなど，この接触熱抵抗が無視できない場合もあるので，注意を要する．

〔例題 2・3〕

厚さ 200 mm のコンクリートの平面壁がある．その内表面の温度は 45°C，外表面の温度は 5°C に保たれている．壁の断面積 1 m² あたりに伝えられる熱量はいくらと考えられるか．また，外表面から 80 mm の壁内の点における温度を推定せよ．

〔解〕

$$\delta = 0.200 \text{ m}, \quad T_i = 45°\text{C}, \quad T_o = 5°\text{C}$$

表 **2・1** から，コンクリートの熱伝導率 $\lambda = 1.1$ W/(m·K) とする．
式(**2・25**)から，

$$\frac{Q}{A} = \frac{\lambda}{\delta}(T_i - T_o) = \frac{1.1}{0.200}(45 - 5) = 2.2 \times 10^2 \text{ W/m}^2$$

式(**2・25**)の δ を x，T_o を T_x でそれぞれ置き換えた式から，

$$T_x = T_i - \frac{x}{\lambda}\frac{Q}{A} = 45 - \frac{(0.200 - 0.080) \times 2.2 \times 10^2}{1.1} = 21°\text{C}$$

または，式(**2・23**)から，

$$T_x = T_i - \frac{x}{\delta}(T_i - T_o) = 45 - \frac{0.120}{0.200}(45 - 5) = 21°\text{C}$$

2・2・2　円管の場合

図 **2・6** に示すような内側と外側の半径がそれぞれ R_i [m] と R_o [m]，長さが L

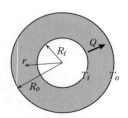

図 2・6　円管壁内一次元定常熱伝導（管軸方向と周方向は温度一様）

[m]，熱伝導率 λ [W/(m·K)]，内面と外面の温度がそれぞれ T_i と T_o である円管壁内の半径方向一次元定常熱伝導を考える．

温度分布

この場合の基礎微分方程式は，円管壁内の微小体積要素 $2\pi rLdr$ に関する熱収支を考えて（例題 **2·1** 参照），

$$\frac{d^2T}{dr^2} + \frac{1}{r}\frac{dT}{dr} = 0 \tag{2·29}$$

境界条件は，

$$\left.\begin{array}{l} r = R_i \ ; \ T = T_i \\ r = R_o \ ; \ T = T_o \end{array}\right\} \tag{2·30}$$

式(**2·29**)を式(**2·30**)の境界条件のもとで解いて，

$$\frac{T_i - T}{T_i - T_o} = \frac{\ln \dfrac{r}{R_i}}{\ln \dfrac{R_o}{R_i}} \tag{2·31}$$

伝熱量

式(**2·1**)から，

$$Q = -\lambda \frac{dT}{dr} 2\pi rL \quad [\text{W}] \tag{2·32}$$

式(**2·32**)に式(**2·31**)を代入して，

$$Q = \frac{2\pi \lambda L}{\ln \dfrac{R_o}{R_i}}(T_i - T_o) \quad [\text{W}] \tag{2·33}$$

この場合も，式(**2·32**)の dT/dr に式(**2·31**)を代入する代わりに，式(**2·32**)を直接 $r = R_i \ ; \ T = T_i$ から $r = R_o \ ; \ T = T_o$ まで積分する（Q, λ, L は一定）ことによっても，式(**2·33**)が求まる．

式(**2·33**)を書き直すと，

$$Q = \frac{T_i - T_o}{\dfrac{\ln \dfrac{R_o}{R_i}}{2\pi \lambda L}} \quad [\text{W}] \tag{2·34}$$

ここに，$\left(\ln \dfrac{R_o}{R_i}\right)/(2\pi \lambda L)$：円管における熱伝導の抵抗 [K/W]

多層管の場合

異なる材質の円管を密着して重ね合わせた多層管の壁内の半径方向一次元定常熱伝導では，

$$\left(\ln \frac{R_k}{R_{k-1}}\right)/(2\pi \lambda_k L) \quad (k = 1, 2, \cdots, n)$$

の熱抵抗が直列に存在するから，

$$Q = \frac{2\pi L (T_i - T_o)}{\dfrac{1}{\lambda_1} \ln \dfrac{R_1}{R_i} + \dfrac{1}{\lambda_2} \ln \dfrac{R_2}{R_1} + \cdots + \dfrac{1}{\lambda_n} \ln \dfrac{R_o}{R_{n-1}}} \quad [\text{W}] \tag{2·35}$$

〔**例題 2·4**〕

外径 50.0 mm の円管を 2 層の保温材が被覆している．内側の保温層は厚さ 8.0 mm，熱伝導率 0.150 W/(m·K) であり，外側の保温層は厚さ 20.0 mm，熱伝導率 0.060 W/(m·K) である．円管外表面の温度が 300°C，保温層の外表面温度が 30°C のとき，この円管単位長さあたりの損失熱量を求めよ．

〔**解**〕

$T_i = 300°\text{C}, \quad T_o = 30°\text{C}, \quad \lambda_1 = 0.150 \text{ W/(m·K)}, \quad \lambda_2 = 0.060 \text{ W/(m·K)}$

$R_i = 0.0250 \text{ m}, \quad R_1 = 0.0250 + 0.0080 = 0.0330 \text{ m}$

$R_o = 0.0330 + 0.0200 = 0.0530 \text{ m}$

式 (2·35) から，

$$\frac{Q}{L} = \frac{2\pi (T_i - T_o)}{\dfrac{1}{\lambda_1} \ln \dfrac{R_1}{R_i} + \dfrac{1}{\lambda_2} \ln \dfrac{R_o}{R_1}} = \frac{2\pi (300 - 30)}{\dfrac{1}{0.150} \ln \dfrac{330}{250} + \dfrac{1}{0.060} \ln \dfrac{530}{330}} = 174 \text{ W/m}$$

2・2・3 球殻の場合

内側と外側の半径がそれぞれ R_i [m] と R_o [m], 内面と外面の温度がそれぞれ T_i と T_o である中空球の殻内の半径方向一次元定常熱伝導を考える.

温度分布

この場合の基礎微分方程式は, 球殻内の微小体積要素 $4\pi r^2 dr$ に関する熱収支を考えて,

$$\frac{d^2 T}{dr^2} + \frac{2}{r}\frac{dT}{dr} = 0 \tag{2・36}$$

境界条件は,

$$\left.\begin{array}{l} r = R_i \;\; ; \;\; T = T_i \\ r = R_o \;\; ; \;\; T = T_o \end{array}\right\} \tag{2・37}$$

式(2・36)を式(2・37)の境界条件のもとで解いて,

$$\frac{T - T_o}{R_i} + \frac{T_i - T}{R_o} = \frac{T_i - T_o}{r} \tag{2・38}$$

伝熱量

式(2・1)から,

$$Q = -\lambda \frac{dT}{dr} 4\pi r^2 \quad [\text{W}] \tag{2・39}$$

式(2・39)に式(2・38)を代入して,

$$Q = \frac{4\pi\lambda}{\dfrac{1}{R_i} - \dfrac{1}{R_o}}(T_i - T_o) \quad [\text{W}] \tag{2・40}$$

この場合も, 式(2・39)を直接 $r = R_i$; $T = T_i$ から $r = R_o$; $T = T_o$ まで積分する (Q, λ は一定) ことによっても式(2・40)が求まる.

式(2・40)を書き直すと,

$$Q = \frac{T_i - T_o}{\frac{1}{4\pi\lambda}\left(\frac{1}{R_i} - \frac{1}{R_o}\right)} \tag{2・41}$$

ここに，$\left(\dfrac{1}{R_i} - \dfrac{1}{R_o}\right)/4\pi\lambda$：**球殻における熱伝導の抵抗**［K/W］

2・2・4 保温材

周囲よりも高温または低温の容器や管などからの熱の放出または熱の侵入を防ぐ（保温または保冷をする）ために，保温材（断熱材ともいう）が用いられる．

保温材の材質そのものの熱伝導率は必ずしも小さくない．しかし，保温材はその内部に小さい空気のすき間を多数有している．空気の熱伝導率は極めて小さい（表 **2・1** 参照）ので，固体と空気のすき間から構成される保温材の平均としての熱伝導率（これを有効熱伝導率またはみかけの熱伝導率という）は小さく，したがって，熱伝導の抵抗が大きくなり，保温の役目をすることになる．

保温材内部の空気のすき間が大きすぎると，すき間内の空気が対流をおこして熱を伝えるので，保温能力が低下する．また，吸湿性の保温材は，すき間に水（熱伝導率は空気の約 20 倍）が入って，保温の役目を果せなくなるから，注意を要する．

2・3 熱通過

2・3・1 熱通過序論

前節では，固体内の伝熱（熱伝導）のみを考え，固体壁の両表面の温度 T_i と T_o が与えられている場合を取り扱ったが，一般には，その両側に存在する流体の温度 T_{b1} と T_{b2} が与えられていて，一方の流体から固体壁を介して他方の流体へ熱が伝えられる**熱通過**を取り扱う場合が多い．この場合には，固体内の熱伝導のほかに，固体壁表面と流体との間の対流伝熱（熱伝達）が関与してくる．

このような熱通過の場合には，

$$Q = k(T_{b1} - T_{b2})A \quad [\text{W}] \tag{2・42}$$

で定義される**熱通過率（熱通過係数）** $k\,[\mathrm{W/(m^2 \cdot K)}]$ を用いて計算を行う．A は固体壁の表面積（伝熱面積）$[\mathrm{m^2}]$ である．

式(2·42)は，熱抵抗の概念を使うと，次のように表される．

$$Q = \frac{T_{b1} - T_{b2}}{R} \quad [\mathrm{W}] \tag{2·43}$$

ここに，$R = \dfrac{1}{kA} = \sum R_k :$　**熱通過の抵抗**（熱伝導の抵抗と熱伝達の抵抗とからなる）$[\mathrm{K/W}]$

2·3·2　平板の場合

図 2·7 に示すように，平板を介しての流体 1 と流体 2 の間の伝熱を考える．

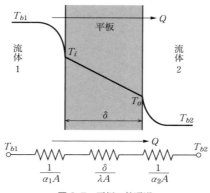

図 2·7　平板の熱通過

ここに，δ 　：平板の厚さ $[\mathrm{m}]$

λ 　：平板の熱伝導率 $[\mathrm{W/(m \cdot K)}]$

A 　：平板の断面積あるいは片側表面積（伝熱面積）$[\mathrm{m^2}]$

T_{b1} ：流体 1 の温度 $[\mathrm{K}\ \text{または}\ {}^\circ\mathrm{C}]$

T_{b2} ：流体 2 の温度 $[\mathrm{K}\ \text{または}\ {}^\circ\mathrm{C}]$

α_1 ：流体 1 と平板表面の間の熱伝達率 $[\mathrm{W/(m^2 \cdot K)}]$

α_2 ：流体 2 と平板表面の間の熱伝達率 $[\mathrm{W/(m^2 \cdot K)}]$

このとき，

流体1と平板表面との間の熱伝達の抵抗：$\dfrac{1}{\alpha_1 A}$ [K/W]

平板内の熱伝導の抵抗：$\dfrac{\delta}{\lambda A}$ [K/W]

平板表面と流体2との間の熱伝達の抵抗：$\dfrac{1}{\alpha_2 A}$ [K/W]

この場合の熱通過には，図 **2・7** に示すように，上記の三つの熱抵抗が直列に存在している．したがって，

熱通過の抵抗 $\quad R = \dfrac{1}{\alpha_1 A} + \dfrac{\delta}{\lambda A} + \dfrac{1}{\alpha_2 A} \quad$ [K/W] （**2・44**）

式(**2・44**)を式(**2・43**)に代入して，

伝熱量 $\quad Q = \dfrac{(T_{b1} - T_{b2})A}{\dfrac{1}{\alpha_1} + \dfrac{\delta}{\lambda} + \dfrac{1}{\alpha_2}} \quad$ [W] （**2・45**）

式(**2・45**)と式(**2・42**)から，

熱通過率 $\quad \dfrac{1}{k} = \dfrac{1}{\alpha_1} + \dfrac{\delta}{\lambda} + \dfrac{1}{\alpha_2} \quad$ [{W/(m^2・K)}$^{-1}$] （**2・46**）

したがって，式(**2・46**)の右辺を構成する各パラメータの値がわかれば，熱通過率 k の値がわかり，伝熱量 Q を求めることができる．

注1：式(**2・45**)は，次のように考えても導くことができる．
対流で熱が伝えられている平板の各表面では，それぞれ，

$\quad Q = \alpha_1 (T_{b1} - T_i) A \quad$ [W] （**2・47**）

$\quad Q = \alpha_2 (T_o - T_{b2}) A \quad$ [W] （**2・48**）

平板内の熱伝導に関して，

$\quad Q = \dfrac{\lambda}{\delta}(T_i - T_o) A \quad$ [W] （**2・49**）

式(**2・47**)〜式(**2・49**)から，T_i と T_o を消去して，Q を求める式に整理すると，式(**2・45**)になる．

注 2：熱通過は熱伝導の問題として解くことができる．いまの場合の基礎微分方程式と境界条件は，それぞれ次のように表される．

$$\frac{d^2 T}{dx^2} = 0 \tag{2・50}$$

$$x = 0 \quad ; \quad -\lambda \frac{dT}{dx} = \alpha_1 (T_{b1} - T) \tag{2・51}$$

$$x = \delta \quad ; \quad -\lambda \frac{dT}{dx} = \alpha_2 (T - T_{b2}) \tag{2・52}$$

微分方程式(**2・50**)を式(**2・51**)と式(**2・52**)の条件のもとで解いて温度分布を求め，これをフーリエの法則

$$Q = -\lambda \frac{dT}{dx} A \tag{2・53}$$

に代入して整理すれば，式(**2・45**)が求まる．

注 3：たとえば，薄い金属板のように，対流伝熱の抵抗に比べて平板内の熱伝導の抵抗が近似的に無視できる場合，すなわち平板内で温度がほぼ一様とみなせる場合に，その平板の概略の温度 T_w を見積もりたいときには，$T_w = T_i = T_o$ とおき，式(**2・47**)と式(**2・48**)から Q/A を消去して整理すると，

$$T_w = \frac{\alpha_1 T_{b1} + \alpha_2 T_{b2}}{\alpha_1 + \alpha_2} \quad [\text{K または °C}] \tag{2・54}$$

多層平板の場合

熱通過の抵抗 $\quad R = \dfrac{1}{\alpha_1 A} + \dfrac{\delta_1}{\lambda_1 A} + \cdots + \dfrac{\delta_n}{\lambda_n A} + \dfrac{1}{\alpha_2 A} \quad [\text{K/W}] \tag{2・55}$

熱通過率 $\quad \dfrac{1}{k} = \dfrac{1}{\alpha_1} + \dfrac{\delta_1}{\lambda_1} + \cdots + \dfrac{\delta_n}{\lambda_n} + \dfrac{1}{\alpha_2} \quad [\{\text{W}/(\text{m}^2 \cdot \text{K})\}^{-1}] \tag{2・56}$

〔例題 **2・5**〕

厚さ 50 mm の耐火れんがの外側に厚さ 100 mm の赤れんがを張った炉がある．この炉からの放熱損失を半分に減らすために，両れんがの間に断熱れんがを入れることにし

た．断熱れんがの厚さをいくらにすればよいか．ただし，耐火，断熱および赤れんがの熱伝導率をそれぞれ 0.80, 0.40 および 0.90 W/(m·K) とし，熱伝達率を放射の影響も含めて炉内側で 120 W/(m²·K)，炉外側で 11.0 W/(m²·K) とする．

〔解〕
$$\lambda_1 = 0.80 \text{ W/(m·K)}, \quad \lambda_2 = 0.40 \text{ W/(m·K)}, \quad \lambda_3 = 0.90 \text{ W/(m·K)}$$
$$\delta_1 = 0.050 \text{ m}, \quad \delta_3 = 0.100 \text{ m}, \quad \alpha_1 = 120 \text{ W/(m}^2\text{·K)}, \quad \alpha_2 = 11.0 \text{ W/(m}^2\text{·K)}$$

断熱れんががない場合：

式(2·42)および式(2·56)から，

$$\frac{Q_1}{A} = k_1 (T_{b1} - T_{b2}) \tag{1}$$

$$\frac{1}{k_1} = \frac{1}{\alpha_1} + \frac{\delta_1}{\lambda_1} + \frac{\delta_3}{\lambda_3} + \frac{1}{\alpha_2} = \frac{1}{120} + \frac{0.050}{0.80} + \frac{0.100}{0.90} + \frac{1}{11.0}$$
$$= 0.273 \quad \{\text{W/(m}^2\text{·K)}\}^{-1} \tag{2}$$

断熱れんがを入れる場合：

同様に，

$$\frac{Q_2}{A} = k_2 (T_{b1} - T_{b2}) \tag{3}$$

$$\frac{1}{k_2} = \frac{1}{\alpha_1} + \frac{\delta_1}{\lambda_1} + \frac{\delta_2}{\lambda_2} + \frac{\delta_3}{\lambda_3} + \frac{1}{\alpha_2} = \frac{1}{k_1} + \frac{\delta_2}{\lambda_2}$$
$$= 0.273 + \frac{\delta_2}{0.40} \quad \{\text{W/(m}^2\text{·K)}\}^{-1} \tag{4}$$

式(1)と式(3)から，$\dfrac{Q_1}{Q_2} = \dfrac{k_1}{k_2} = \dfrac{1/k_2}{1/k_1}$

この式に式(2)と式(4)を代入して，

$$\frac{Q_1}{Q_2} = 1 + \frac{\delta_2}{0.40 \times 0.273}$$

題意から，$\dfrac{Q_1}{Q_2} = 2$

$$\therefore \quad \delta_2 = 0.40 \times 0.273 = 0.109 \text{ m} = 109 \text{ mm}$$

2・3・3 円管の場合

円管内の流体 1（温度 T_{b1} [K または °C]）と円管外の流体 2（温度 T_{b2} [K または °C]）の間の伝熱を考える．流体 1 と管内面の間の熱伝達率を α_1 [W/(m^2·K)]，流体 2 と管外面の間の熱伝達率を α_2 [W/(m^2·K)] とする．

平板の場合と同様に考えて，次式が得られる．

熱通過の抵抗　　$R = \dfrac{1}{\alpha_1 A_i} + \dfrac{\ln \dfrac{R_o}{R_i}}{2\pi \lambda L} + \dfrac{1}{\alpha_2 A_o}$　　[K/W] 　　(2・57)

伝熱量　　$Q = \dfrac{T_{b1} - T_{b2}}{\dfrac{1}{\alpha_1 A_i} + \dfrac{\ln \dfrac{R_o}{R_i}}{2\pi \lambda L} + \dfrac{1}{\alpha_2 A_o}}$

$= \dfrac{2\pi L (T_{b1} - T_{b2})}{\dfrac{1}{\alpha_1 R_i} + \dfrac{1}{\lambda} \ln \dfrac{R_o}{R_i} + \dfrac{1}{\alpha_2 R_o}}$　　[W] 　　(2・58)

注 1：円管の場合，式 (2・42) で定義される熱通過率 k の値は，採用する伝熱面積 A をどこでとるかによって異なってくる．すなわち，

　内表面（$A_i = 2\pi R_i L$）基準：

$$Q = k_1 (T_{b1} - T_{b2}) A_i \quad [\text{W}] \quad (2 \cdot 59)$$

$$\dfrac{1}{k_1} = \dfrac{1}{\alpha_1} + \dfrac{R_i}{\lambda} \ln \dfrac{R_o}{R_i} + \dfrac{1}{\alpha_2} \dfrac{R_i}{R_o} \quad [\{\text{W}/(\text{m}^2 \cdot \text{K})\}^{-1}] \quad (2 \cdot 60)$$

　外表面（$A_o = 2\pi R_o L$）基準：

$$Q = k_2 (T_{b1} - T_{b2}) A_o \quad [\text{W}] \quad (2 \cdot 61)$$

$$\dfrac{1}{k_2} = \dfrac{1}{\alpha_1} \dfrac{R_o}{R_i} + \dfrac{R_o}{\lambda} \ln \dfrac{R_o}{R_i} + \dfrac{1}{\alpha_2} \quad [\{\text{W}/(\text{m}^2 \cdot \text{K})\}^{-1}] \quad (2 \cdot 62)$$

なお，面積の代わりに管長 L [m] を用いて，すなわち，

$$Q = k_l (T_{b1} - T_{b2}) L \quad [\text{W}] \quad (2 \cdot 63)$$

で熱通過率 k_l を定義すれば，k_l は基準面のとり方に無関係になり，次式で表される．

$$k_l = \frac{2\pi}{\dfrac{1}{\alpha_1 R_i} + \dfrac{1}{\lambda}\ln\dfrac{R_o}{R_i} + \dfrac{1}{\alpha_2 R_o}} \quad [\mathrm{W/(m\cdot K)}] \tag{2・64}$$

注2：肉厚の薄い金属製円管のように，対流伝熱の抵抗に比べて管壁内の熱伝導の抵抗が近似的に無視できる場合，すなわち管壁内の温度がほぼ一様とみなせる場合には，管壁の概略の温度 T_w は，式 (2・54) と同様にして，

$$T_w = \frac{\alpha_1 R_i T_{b1} + \alpha_2 R_o T_{b2}}{\alpha_1 R_i + \alpha_2 R_o} \quad [\mathrm{K\ または\ ^\circ C}] \tag{2・65}$$

多層管の場合

熱通過の抵抗　$R = \dfrac{1}{\alpha_1 A_i} + \dfrac{\ln\dfrac{R_1}{R_i}}{2\pi\lambda_1 L} + \cdots + \dfrac{\ln\dfrac{R_o}{R_{n-1}}}{2\pi\lambda_n L} + \dfrac{1}{\alpha_2 A_o} \quad [\mathrm{K/W}]$

$$\tag{2・66}$$

伝熱量　$Q = \dfrac{2\pi L(T_{b1} - T_{b2})}{\dfrac{1}{\alpha_1 R_i} + \dfrac{1}{\lambda_1}\ln\dfrac{R_1}{R_i} + \cdots + \dfrac{1}{\lambda_n}\ln\dfrac{R_o}{R_{n-1}} + \dfrac{1}{\alpha_2 R_o}} \quad [\mathrm{W}] \tag{2・67}$

〔**例題 2・6**〕

　温度 170.0°C の飽和蒸気が外径 120.0 mm，肉厚 10.0 mm，長さ 100 m の鋼管内を流れている．この管に厚さ 25.0 mm，熱伝導率 0.140 W/(m·K) の保温材を施した場合，裸の場合に比べて損失熱量はどの程度減少するか．ただし，蒸気側および外気側の熱伝達率はそれぞれ 5800 W/(m²·K) および 17.0 W/(m²·K)，外気温度は 20.0 °C とする．

〔**解**〕

$R_1 = 0.0600$ m，$R_i = 0.0600 - 0.0100 = 0.0500$ m

$R_o = 0.0600 + 0.0250 = 0.0850$ m，$L = 100$ m，$\lambda_2 = 0.140$ W/(m·K)

$\alpha_1 = 5800$ W/(m²·K)，$\alpha_2 = 17.0$ W/(m²·K)

$T_{b1} = 170.0°$C，$T_{b2} = 20.0°$C

鋼管の熱伝導率は与えられていないが，表 **2・1** から，$\lambda_1 = 54 \text{ W/(m·K)}$ とする．

裸管の場合：

式(**2・58**)から，

$$Q_1 = \frac{2\pi L(T_{b1} - T_{b2})}{\dfrac{1}{\alpha_1 R_i} + \dfrac{1}{\lambda_1}\ln\dfrac{R_1}{R_i} + \dfrac{1}{\alpha_2 R_1}}$$

$$= \frac{2\pi \times 100 \times (170.0 - 20.0)}{\dfrac{1}{5800 \times 0.0500} + \dfrac{1}{54}\ln\dfrac{600}{500} + \dfrac{1}{17.0 \times 0.0600}} = 9.55 \times 10^4 \text{ W}$$

保温管の場合：

式(**2・67**)から，

$$Q_2 = \frac{2\pi L(T_{b1} - T_{b2})}{\dfrac{1}{\alpha_1 R_i} + \dfrac{1}{\lambda_1}\ln\dfrac{R_1}{R_i} + \dfrac{1}{\lambda_2}\ln\dfrac{R_o}{R_1} + \dfrac{1}{\alpha_2 R_o}}$$

$$= \frac{2\pi \times 100 \times (170.0 - 20.0)}{\dfrac{1}{5800 \times 0.0500} + \dfrac{1}{54}\ln\dfrac{600}{500} + \dfrac{1}{0.140}\ln\dfrac{850}{600} + \dfrac{1}{17.0 \times 0.0850}}$$

$$= 2.96 \times 10^4 \text{ W}$$

∴ $Q_2 - Q_1 = -6.59 \times 10^4 \text{ W} = -65.9 \text{ kW}$

したがって，65.9 kW 減少する．

あるいは，$\dfrac{Q_2 - Q_1}{Q_1} = -0.690$　69.0 % 減少する．

注：この例題の場合，管内の蒸気から管内面への熱伝達の抵抗および管壁内の熱伝導の抵抗は，管外面から外気への熱伝達の抵抗または保温層内における熱伝導の抵抗に比べてはるかに小さいので，無視して計算してよい．

実際，上の例で管壁の温度を計算してみると，

裸管の場合：

　　管内面温度　$T_i = T_{b1} - Q_1/(\alpha_1 A_i) = 170.0 - 0.52 = 169.5\text{°C}$

　　管外面温度　$T_1 = T_{b2} + Q_1/(\alpha_2 A_1) = 20.0 + 148.9 = 168.9\text{°C}$

保温管の場合：

　　管内面温度　$T_i = T_b - Q_2/(\alpha_1 A_i) = 170.0 - 0.16 = 169.8\text{°C}$

管外面温度　$T_1 = T_i - Q_2 \ln(R_1/R_i)/(2\pi\lambda_1 L) = 169.84 - 0.16 = 169.7°C$

であり，管内外面の温度はいずれの場合も管内の蒸気の温度 170.0°C とほとんど変わらない．

上に述べた二つの熱抵抗を無視して計算すると，

裸管の場合：
$$Q_1 = \alpha_2(T_{b1} - T_{b2})2\pi R_1 L = 9.61 \times 10^4 \text{ W}$$

保温管の場合：
$$Q_2 = \frac{2\pi L(T_{b1} - T_{b2})}{\dfrac{1}{\lambda_2}\ln\dfrac{R_o}{R_1} + \dfrac{1}{\alpha_2 R_o}} = 2.96 \times 10^4 \text{ W}$$

となり，厳密に計算した結果と比較して，裸管の場合で約 0.6% の誤差であり，保温管の場合には同じ値が得られる．

〔例題 2·7 *〕

内径 50.0 mm，外径 62.0 mm，長さ 41.0 m の鋼管内を温度 311°C の飽和蒸気が流量 0.87 kg/s で流れている．この蒸気輸送管の外側に A と B の 2 種類の保温材を施すことにする．保温材 A および B の熱伝導率はそれぞれ 0.078 W/(m·K) および 0.200 W/(m·K) である．次の条件 ①〜④ が与えられているとき，保温材 A と B の厚さ [mm] をそれぞれいくらにすればよいか．

条件：① 保温材 A は保温材 B よりも安価であるので，できるだけ保温材 A を使用したい．しかしながら，保温材 A は 200°C 以上の温度では使用できないので，まず保温材 B を施し，その上に保温材 A を施すことにする．

② 周囲への熱損失によって蒸気輸送管内で凝縮する蒸気量は全流量の 1 % に押える．温度 311°C における蒸発潜熱は 1320 kJ/kg であり，管内での圧力損失は無視できる．

③ 周囲の空気温度は 20°C であり，保温材表面と空気との間の熱伝達率は，放射の影響も含めて，12.0 W/(m²·K) である．

④ 管内側および管壁内の熱抵抗は非常に小さいので無視できる．

〔解〕

管の単位長さあたりの放熱量は，条件 ② から，

$$\frac{Q}{L} = \frac{0.87 \times 0.01 \times 1320}{41.0} = 0.280 \text{ kW/m} = 280 \text{ W/m}$$

条件①と④から，保温材Bで温度が311°Cから200°Cになればよいので，式(**2·33**)から，

$$\frac{Q}{L} = \frac{2\pi \lambda_B (T_{b1} - T_B)}{\ln \dfrac{D_B}{D_0}} = \frac{2\pi \times 0.200(311-200)}{\ln \dfrac{D_B}{62.0}} = 280$$

∴ $\ln \dfrac{D_B}{62.0} = 0.498$, $D_B = 102$ mm

したがって，保温材Bの厚さδ_Bは，

$$\delta_B = \frac{102-62}{2} = 20 \text{ mm}$$

保温材A内の熱伝導と保温材表面における対流伝熱を考えて，

$$\frac{Q}{L} = \frac{2\pi(T_B - T_{b2})}{\dfrac{1}{\lambda_A}\ln\dfrac{D_A}{D_B} + \dfrac{2}{\alpha_2 D_A}} = \frac{2\pi(200-20)}{\dfrac{1}{0.078}\ln\dfrac{D_A}{102} + \dfrac{2}{12.0 D_A \times 10^{-3}}} = 280$$

（この式の代わりに，保温材B内の熱伝導も含めた式を考えてもよい．）

∴ $\ln \dfrac{D_A}{102} + \dfrac{13.0}{D_A} = 0.315$

この方程式を次のように書き直して，繰り返し計算（逐次近似法）により解く．

$$D_A = 102 \exp\left(0.315 - \frac{13.0}{D_A}\right)$$

D_A（仮定）	D_A（右辺から算出）
140	127
127	126
126	126

∴ $D_A = 126$ mm

したがって，保温材Aの厚さδ_Aは，

$$\delta_A = \frac{126-102}{2} = 12 \text{ mm}$$

〔例題 2・8〕

圧力 8.0 MPa（水の飽和温度 295°C）の水管ボイラの蒸発管に，外径 76.0 mm，内径 68.0 mm，使用限界温度 430°C の炭素鋼の管が用いられている．このボイラを長期間運転したところ，管内面に熱伝導率 0.80 W/(m・K) のスケールが厚さ 0.6 mm 付着した．このままボイラの運転を続けてよいかどうかを，安全上の観点から判断せよ．また，このとき清浄な管の場合に比べて，伝熱量は何%減少するかを算定せよ．ただし，燃焼ガスの温度は 1000°C，燃焼ガスから管への熱伝達率は放射の影響も含めて 200 W/(m²・K)，管からボイラ水への熱伝達率は 5000 W/(m²・K)，炭素鋼の熱伝導率は 40 W/(m・K) とする．

〔解〕

$$R_1 = 68.0/2 \text{ mm} = 0.0340 \text{ m}, \quad R_o = 76.0/2 \text{ mm} = 0.0380 \text{ m}$$
$$R_i = 0.0340 - 0.0006 = 0.0334 \text{ m}, \quad T_{b1} = 1000°\text{C}, \quad T_{b2} = 295°\text{C}$$
$$\alpha_1 = 200 \text{ W/(m}^2\cdot\text{K)}, \quad \alpha_2 = 5000 \text{ W/(m}^2\cdot\text{K)}, \quad \lambda_1 = 40 \text{ W/(m}\cdot\text{K)},$$
$$\lambda_2 = 0.80 \text{ W/(m}\cdot\text{K)}$$

清浄管の場合：

式(2・58)から，

$$\frac{Q_1}{L} = \frac{2\pi(T_{b1}-T_{b2})}{\dfrac{1}{\alpha_1 R_o} + \dfrac{1}{\lambda_1}\ln\dfrac{R_o}{R_1} + \dfrac{1}{\alpha_2 R_1}}$$

$$= \frac{2\pi(1000-295)}{\dfrac{1}{200\times 0.0380} + \dfrac{1}{40}\ln\dfrac{380}{340} + \dfrac{1}{5000\times 0.0340}} = 3.16\times 10^4 \text{ W/m}$$

スケール付着管の場合：

式(2・67)から，

$$\frac{Q_2}{L} = \frac{2\pi(T_{b1}-T_{b2})}{\dfrac{1}{\alpha_1 R_o} + \dfrac{1}{\lambda_1}\ln\dfrac{R_o}{R_i} + \dfrac{1}{\lambda_2}\ln\dfrac{R_1}{R_i} + \dfrac{1}{\alpha_2 R_i}}$$

$$= \frac{2\pi(1000-295)}{\frac{1}{200\times 0.0380}+\frac{1}{40}\ln\frac{380}{340}+\frac{1}{0.80}\ln\frac{340}{334}+\frac{1}{5000\times 0.0334}}$$
$$= 2.72\times 10^4 \text{ W/m}$$

管壁の温度は燃焼ガス側の面（管外面）において最も高くなる．燃焼ガスと管外面の間の熱伝達に式(**1・6**)を適用して，スケール付着管の外面温度 T_{o2} は，

$$T_{o2}=T_{b1}-\frac{Q_2}{2\pi R_o L\alpha_1}=1000-\frac{2.72\times 10^4}{2\pi\times 0.0380\times 200}=1000-570=430\text{°C}$$

管壁の最高温度はすでに管材の使用限界温度 430 °C に達しているので，このまま運転を続けるのは危険である．直ちに運転を停止して，スケールを除去すべきである．

$$\frac{Q_2-Q_1}{Q_1}=\frac{272}{316}-1=-0.139 \quad \text{したがって，伝熱量は 13.9 \% 減少．}$$

注：清浄な管の最高温度は，

$$T_{o1}=T_{b1}-\frac{Q_1}{2\pi R_o L\alpha_1}=1000-\frac{3.16\times 10^4}{2\pi\times 0.0380\times 200}=1000-662=338\text{ °C}$$

したがって，蒸発管の温度はスケールの付着によって 92 °C も上昇するが，この場合の熱通過は，スケールの有無にかかわらず，燃焼ガス側の熱抵抗によって大きく支配されているので，伝熱量の減少は比較的小さい．

2・3・4　球殻の場合

中空球の内部の流体 1（温度 T_{b1}）と球の外部の流体 2（温度 T_{b2}）の間の伝熱を考える．流体 1 と球内面の間の熱伝達率を α_1，流体 2 と球外面の間の熱伝達率を α_2 とする．平板や円管の場合と同様に考えて，

熱通過の抵抗 $\quad R=\dfrac{1}{\alpha_1 A_i}+\dfrac{\left(\dfrac{1}{R_i}-\dfrac{1}{R_o}\right)}{4\pi\lambda}+\dfrac{1}{\alpha_2 A_o}$ $\qquad$ (**2・68**)

伝熱量 $\quad Q=\dfrac{4\pi(T_{b1}-T_{b2})}{\dfrac{1}{\alpha_1 R_i^{\,2}}+\dfrac{1}{\lambda}\left(\dfrac{1}{R_i}-\dfrac{1}{R_o}\right)+\dfrac{1}{\alpha_2 R_o^{\,2}}}$ $\qquad$ (**2・69**)

多層球殻の場合

平板や円管の場合と同様に考えて,

$$伝熱量 \quad Q = \frac{4\pi(T_{b1}-T_{b2})}{\dfrac{1}{\alpha_1 R_i^2}+\dfrac{1}{\lambda_1}\left(\dfrac{1}{R_i}-\dfrac{1}{R_1}\right)+\cdots+\dfrac{1}{\lambda_n}\left(\dfrac{1}{R_{n-1}}-\dfrac{1}{R_o}\right)+\dfrac{1}{\alpha_2 R_o^2}} \quad (2\cdot70)$$

2·3·5　熱通過における伝熱促進の考え方

まず，ある熱通過の例として，次の例題 2·9 を考える．

〔例題 2·9〕

厚さ 5.0 mm の鉄板〔熱伝導率 50 W/(m·K)〕を介して水と空気とが熱交換をしている．水側の熱伝達率は 5000 W/(m²·K)，空気側の熱伝達率は 50.0 W/(m²·K) である．この場合の伝熱量を大きくするために，流速を大きくしたりあるいは流れの乱れを大きくしたりして，空気側の熱伝達率が 2 倍になるようにした．このとき伝熱量は元の場合の何倍になるか．また，空気側は元のままで，水側の熱伝達率を 2 倍になるようにしたら，伝熱量は元の場合の何倍になるか．

〔解〕

それぞれの場合の熱通過の抵抗を考えてみる．

元の場合：

式 (2·44) から，

$$R_0 = \frac{1}{\alpha_1 A}+\frac{\delta}{\lambda A}+\frac{1}{\alpha_2 A}$$

$$= \frac{1}{5000A}+\frac{0.0050}{50A}+\frac{1}{50.0A} = \frac{0.00020}{A}+\frac{0.00010}{A}+\frac{0.02000}{A}$$

$$= \frac{0.02030}{A} \text{ K/W}$$

空気側の熱伝達率 α_2 を 2 倍にした場合：

$$R_1 = \frac{1}{5000A}+\frac{0.0050}{50A}+\frac{1}{100.0A} = \frac{0.00020}{A}+\frac{0.00010}{A}+\frac{0.01000}{A}$$

$$= \frac{0.01030}{A} \text{ K/W}$$

水と空気の温度は元の場合と同じであるから，この場合の伝熱量 Q_1 は元の場合の伝熱量 Q_0 に比べて，式(**2·43**)から，

$$\frac{Q_1}{Q_0} = \frac{R_0}{R_1} = \frac{0.02030}{0.01030} = 1.97$$

すなわち，伝熱量は 1.97 倍になる．

水側の熱伝達率 α_1 を 2 倍にした場合：

$$R_2 = \frac{1}{10000A} + \frac{0.0050}{50A} + \frac{1}{50.0A} = \frac{0.00010}{A} + \frac{0.00010}{A} + \frac{0.02000}{A}$$

$$= \frac{0.02020}{A} \text{ K/W}$$

$$\frac{Q_2}{Q_0} = \frac{R_0}{R_2} = \frac{0.02030}{0.02020} = 1.005$$

すなわち，伝熱量は 1.005 倍になる．

注：この例で，熱通過の伝熱量を増大させるために，水側の熱伝達率 α_1 を大きくする工夫をしても，最大で（すなわち，$\alpha_1 \to \infty$ にできたとしても），

$$\frac{Q}{Q_0} = \frac{R_0}{R} = \frac{0.02030}{0.02010} = 1.010 \text{ 倍}$$

にしかならず，これ以上の伝熱量の増大は不可能である．

一方，空気側の熱伝達率 α_2 を大きくする工夫をして，伝熱量をたとえば 2 倍にしようと思えば，熱通過の抵抗 R が，

$$R = \frac{R_0}{2} = \frac{0.01015}{A} \text{ K/W}$$

になればよいのであるから，

$$\frac{1}{\alpha_2 A} = R - \frac{1}{\alpha_1 A} - \frac{\delta}{\lambda A} = \frac{0.01015}{A} - \frac{0.00020}{A} - \frac{0.00010}{A} = \frac{0.00985}{A} \text{ K/W}$$

したがって，

$$\alpha_2 = 101.5 \text{ W/(m}^2\cdot\text{K)} \quad (\text{元の } \alpha_2 \text{ の値の } 2.03 \text{ 倍})$$

にすればよい．

　熱通過における伝熱量は，両流体の温度が与えられている場合，熱通過の抵抗に反比例するので，伝熱量を増大させるためには，その熱通過の抵抗を減少させればよい．その場合，上記の例題 2・9 からも明らかなように，一般に，伝熱量は熱通過の抵抗を構成している各伝熱過程の抵抗 $1/(\alpha A)$，$\delta/(\lambda A)$ のうちの最大の抵抗によって最も大きく支配される（例題 2・8 の注も参照）．したがって，その最大の抵抗を小さくすることが，伝熱を促進するための唯一の有効な方法である．

　伝熱の促進を考えるような場合には，熱伝導の抵抗 $\delta/(\lambda A)$ は熱伝達の抵抗 $1/(\alpha A)$ に比べて小さいのが普通である．熱伝達の抵抗 $1/(\alpha A)$ を小さくするためには，流速または流れの乱れを大きくする，あるいは境界層を薄くするなどの工夫を行うことによって，熱伝達率 α を大きくする（3・3・1 節参照）か，またはフィンを付けることによって（次節参照），伝熱面積 A を大きくすればよい．

2・4　フィンの伝熱

2・4・1　細長い棒状フィンの場合

　次の仮定のもとで，図 2・8 に示すような高さ H の細長い棒状のフィンの温度分布およびフィンによる伝熱量を求める．

① フィンの温度は軸に直角な断面上では一様である．
② フィン表面から周囲の流体（温度 T_b）への熱伝達率 α は全表面にわたって一様である．
③ フィンの断面積 A も周長 S も軸方向に一定である．
④ フィン材の熱伝導率 λ は一定である．

　棒状フィンにおいて，長さ dx の微小体積要素に関する熱量の収支を考える．微小体積要素に熱伝導で入ってくる熱量を Q_x，熱伝導で出ていく熱量を Q_{x+dx}，微小体

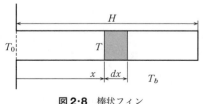

図 2・8　棒状フィン

積要素から周囲流体へ対流で出ていく熱量を Q_c とすれば，これらの各熱量はそれぞれ次のように表される．

$$Q_x = -\lambda \frac{dT}{dx} A \tag{2・71}$$

$$Q_{x+dx} = Q_x + \frac{dQ_x}{dx}dx = -\lambda \frac{dT}{dx}A - \lambda \frac{d^2T}{dx^2}Adx \tag{2・72}$$

$$Q_c = \alpha(T - T_b)Sdx \tag{2・73}$$

定常状態では，

$$Q_x = Q_{x+dx} + Q_c \tag{2・74}$$

であるから，これより次の微分方程式が導かれる．

$$\frac{d^2T}{dx^2} = \frac{\alpha S}{\lambda A}(T - T_b) \tag{2・75}$$

ここで，

$$\Theta = \frac{T - T_b}{T_0 - T_b} \tag{2・76}$$

$$m = \sqrt{\frac{\alpha S}{\lambda A}} \quad [\text{m}^{-1}] \tag{2・77}$$

とおく．ただし，T_0 はフィン根元の温度である．このとき，式(2・75)は次のようになる．

$$\frac{d^2\Theta}{dx^2} - m^2\Theta = 0 \tag{2・78}$$

この微分方程式の一般解は，

$$\Theta = C_1 e^{mx} + C_2 e^{-mx} \tag{2・79}$$

ここに，C_1，C_2：積分定数（境界条件から決定）

(1) フィン先端での伝熱が無視される場合

境界条件
$$\left.\begin{array}{l} x = 0 \;;\; \Theta = 1 \\ x = H \;;\; \dfrac{d\Theta}{dx} = 0 \end{array}\right\} \tag{2・80}$$

$$\therefore \quad C_1 = \frac{e^{-mH}}{e^{mH} + e^{-mH}} \tag{2・81}$$

$$C_2 = \frac{e^{mH}}{e^{mH} + e^{-mH}} \tag{2・82}$$

これらを式(2・79)に代入すれば，フィンの温度分布が求まる．

温度分布
$$\Theta = \frac{e^{m(H-x)} + e^{-m(H-x)}}{e^{mH} + e^{-mH}} = \frac{\cosh[m(H-x)]}{\cosh(mH)} \tag{2・83}$$

フィンから流体に伝わる熱量 Q_f は，フィンの根元を流れる熱量に等しいから，

$$Q_f = -\lambda \left(\frac{dT}{dx}\right)_{x=0} A = -\lambda \left(\frac{d\Theta}{dx}\right)_{x=0} (T_0 - T_b) A \tag{2・84}$$

式(2・84)に式(2・83)を代入して，

伝熱量　$Q_f = \lambda(T_0 - T_b) mA \tanh(mH)$ 　　［W/fin］ $\tag{2・85}$

注：式(2・85)で表されるフィンからの伝熱量 Q_f は，次のようにしても求まる．

伝熱量 Q_f は，フィン表面から周囲流体への伝熱量であるから，

$$Q_f = \int_0^H \alpha(T - T_b) S dx = \alpha S(T_0 - T_b) \int_0^H \Theta dx \tag{2・86}$$

したがって，

$$Q_f = \alpha S(T_0 - T_b) \int_0^H \frac{\cosh[m(H-x)]}{\cosh(mH)} dx$$

$$= \alpha S(T_0 - T_b) \frac{\sinh(mH)}{m \cosh(mH)}$$

$$= \lambda(T_0 - T_b) mA \tanh(mH) \tag{2・85}$$

（2） フィン先端での伝熱を考慮する場合

境界条件
$$\left. \begin{array}{l} x = 0 \ ; \ \Theta = 1 \\ x = H \ ; \ -\lambda \dfrac{d\Theta}{dx} = \alpha \Theta \end{array} \right\} \quad (2\cdot 87)$$

式(2·87)の境界条件を用いて，式(2·79)の積分定数 C_1 と C_2 を決定すると，フィンの温度分布が求まる．さらに，前と同様にして，フィンからの伝熱量を求めることができる．

温度分布
$$\Theta = \frac{\cosh[m(H-x)] + \dfrac{\alpha}{m\lambda}\sinh[m(H-x)]}{\cosh(mH) + \dfrac{\alpha}{m\lambda}\sinh(mH)} \quad (2\cdot 88)$$

伝熱量
$$Q_f = \lambda(T_0 - T_b)mA \frac{\sinh(mH) + \dfrac{\alpha}{m\lambda}\cosh(mH)}{\cosh(mH) + \dfrac{\alpha}{m\lambda}\sinh(mH)} \quad (2\cdot 89)$$

式(2·88)によって表されるフィンの温度分布の例を図 2·9 に示す．フィン表面からの対流伝熱による熱除去のために，フィン内を伝導によって流れる熱量は，根元からの距離 x が増すとともに減少する．したがって，図にも示されているように，フィン温度の x 方向の勾配は x が増すとともに減少する．そしてフィン先端では小さい温度勾配

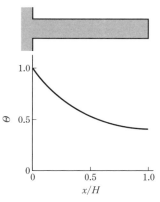

図 2·9 フィンの温度分布の例〔$mH = 1.5$, $\alpha/(m\lambda) = 0.05$ の場合〕

になっている．このことは，フィンからの伝熱量を算出する際に，フィン先端における伝熱を無視しても，それによる誤差は小さいということを意味している．とくに，mH が大きく，$\alpha/(m\lambda)$ が小さいフィンほど，その誤差は小さく，フィン先端における伝熱を無視して計算してよい．

2・4・2 四角フィンの場合

図 2・10 に示すような四角フィン（直線フィンともいう）の場合，フィンの厚さ δ [m] がフィンの長さ L [m] に比べて十分小さい（$\delta \ll L$）ときには，$A = \delta L$，$S = 2L$ を式(2・77)に代入して，

$$m = \sqrt{\frac{2\alpha}{\lambda\delta}} \quad [\mathrm{m}^{-1}] \quad (2 \cdot 90)$$

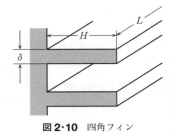

図 2・10 四角フィン

この m の値を用いて，前記の式(2・83)または式(2・88)および式(2・85)または式(2・89)から，それぞれ温度分布および伝熱量を算出すればよい．

2・4・3 フィン効率

フィンを付けたことによって，表面積がたとえば10倍になったとしても，表面から流体に伝わる熱量は10倍にはならず，フィン自身の中の熱抵抗のために，それ以下の伝熱量になる．このようなフィンのはたらきの良し悪しを次式で定義される**フィン効率**（fin efficiency）η_f で表す．

$$\eta_f = \frac{Q_f}{Q_\infty} \quad (2 \cdot 91)$$

ここに，Q_f：1本のフィンからの伝熱量，式(2・85)あるいは式(2・89)[W/fin]

Q_∞：熱抵抗がない，すなわち熱伝導率が無限大の材料で作られた理想的なフィンからの伝熱量 [W/fin]．この場合，フィンの温度は一様で，根元の温度と同じである．

棒状フィンの場合：

$$Q_\infty = \alpha(T_0 - T_b)(SH + A) \quad [\mathrm{W/fin}] \quad (2 \cdot 92)$$

四角フィンの場合：

$$Q_\infty = \alpha(T_0 - T_b)(2HL + A) \quad \text{[W/fin]} \tag{2.93}$$

ただし，フィン先端における伝熱を無視して，Q_f を式(2.85)から算出する場合には，式(2.92)と式(2.93)における A は省略する．

〔例題 2.10〕

1 m 四方の平面壁にアルミニウム製の高さ 20.0 mm，厚さ 2.0 mm，長さ 1 m の四角フィンを等間隔に 50 枚取り付ける．この平面壁からの伝熱量はフィンを取り付けたことによってどれほど増すか．また，このフィンのフィン効率を求めよ．ただし，平面壁表面の温度は 250°C，外気温度は 30°C，熱伝達率はフィンを付けたことによって変わることなく，壁表面およびフィン表面において 240 W/(m²·K) である．

〔解〕

表 2.1 から，アルミニウムの熱伝導率は $\lambda = 204$ W/(m·K) とする．

フィンを付けない場合：

$$Q_0 = \alpha(T_0 - T_b)A_0 = 240 \times (250 - 30) \times 1 = 5.28 \times 10^4 \text{ W}$$

フィンを付けた場合：

フィンの付いていない表面からの伝熱量 Q_1 は，

$$Q_1 = \alpha(T_0 - T_b)(A_0 - 50A) = 240 \times 220 \times (1 - 50 \times 0.0020 \times 1)$$
$$= 4.75 \times 10^4 \text{ W}$$

フィン 1 枚からの放熱量 Q_f は，

式(2.90)から，$m = \sqrt{\dfrac{2\alpha}{\lambda \delta}} = \sqrt{\dfrac{2 \times 240}{204 \times 0.0020}} = 34.3 \text{ m}^{-1}$

$mH = 34.3 \times 0.0200 = 0.686$

$\dfrac{\alpha}{m\lambda} = \dfrac{240}{204 \times 34.3} = 0.0343$

$\sinh(mH) = 0.741, \quad \cosh(mH) = 1.245$

式(2.89)から，

$$Q_f = 204(250-30) \times 34.3 \times 0.0020 \times 1 \times \frac{0.741 + 0.0343 \times 1.245}{1.245 + 0.0343 \times 0.741}$$

$$= 1900 \text{ W/fin}$$

フィンは 50 枚だから，フィンを付けた場合の全伝熱量 Q_F は，

$$Q_F = 4.75 \times 10^4 + 1900 \times 50 = 14.25 \times 10^4 \text{ W}$$

$$\frac{Q_F}{Q_0} = \frac{14.25}{5.28} = 2.70$$

したがって，フィンを付けることによって伝熱量は 2.7 倍になる．
式(2・93)から，

$$Q_\infty = \alpha(T_0 - T_b)(2HL + A)$$
$$= 240 \times 220(2 \times 0.0200 \times 1 + 0.0020 \times 1) = 2218 \text{ W/fm}$$

したがって，フィン効率 η_f は，式(2・91)から，

$$\eta_f = \frac{Q_f}{Q_\infty} = \frac{1900}{2218} = 0.857 = 85.7 \text{ \%}$$

注：フィン先端からの放熱を無視すると，

式(2・85)から， $Q_f = 1833$ W/fin

式(2・93)から（ただし，A を省く），$Q_\infty = 2112$ W/fin

式(2・91)から， $\eta_f = 86.8$ %

となり，Q_f で 3.5 %，η_f で 1.3 %程度の誤差である．したがって，フィン先端からの放熱を無視した計算で十分である．

〔例題 2・11〕

厚さ 5.0 mm の鉄板〔熱伝導率 50 W/(m・K)〕を介して水と空気が熱交換をしている．水側の熱伝達率は 5000 W/(m²・K)，空気側の熱伝達率は 50.0 W/(m²・K) である．この場合の伝熱量を大きくするために，鉄板の空気側の表面にフィン効率 79.0 %のフィンを取り付けて空気側の伝熱面積を元の面積の 10 倍にする．このとき空気側の伝熱面でフィン根元が占める面積は元の面積の 1/3 である（元の面積の 2/3 は鉄板の表面がそのまま残っている）．フィン表面およびフィン以外の表面における熱伝達率は元の値と同じである．水と空気の間の伝熱量はフィンを付けない場合の何倍になるか．また，空

気側ではなく，水側の表面に同じフィン効率のフィンを同様に取り付けたとき，水と空気の間の伝熱量はフィンを付けない場合の何倍になるか（例題 **2・9** 参照）．

〔解〕

フィンを付けていない場合の伝熱面積を A_0，伝熱量を Q_0，熱通過率を k_0 とすると，式(**2・42**)と式(**2・46**)から，それぞれ，

$$Q_0 = k_0(T_{b1} - T_{b2})A_0$$

$$\frac{1}{k_0} = \frac{1}{\alpha_1} + \frac{\delta}{\lambda} + \frac{1}{\alpha_2} = \frac{1}{5000} + \frac{0.0050}{50} + \frac{1}{50.0} = 0.0203$$

∴ $k_0 = 49.3 \text{ W/(m}^2\cdot\text{K)}$

フィン付き面の全表面積 $= 10A_0$

このうちフィンの全表面積 $= 10A_0 - \frac{2}{3}A_0 = \frac{28}{3}A_0$

フィン付き面のフィン以外の表面積 $= \frac{2}{3}A_0$

フィン根元およびフィン以外の表面の温度を T_0，フィン付き面からの全伝熱量を Q_F とすると，

$$Q_F = \alpha_2(T_0 - T_b)\frac{28}{3}A_0\eta_f + \alpha_2(T_0 - T_b)\frac{2}{3}A_0$$

$$= \alpha_2(T_0 - T_b)\left(\frac{28}{3}\eta_f + \frac{2}{3}\right)A_0$$

したがって，このフィン付き面の伝熱の抵抗は $\dfrac{1}{\alpha_2\left(\dfrac{28}{3}\eta_f + \dfrac{2}{3}\right)A_0}$ である．

フィンを付けた場合の元の伝熱面積 A_0 を基準とした熱通過率を k_F とすると，伝熱量 Q_F は，

$$Q_F = k_F(T_{b1} - T_{b2})A_0$$

$$\frac{1}{k_F A_0} = \frac{1}{\alpha_1 A_0} + \frac{\delta}{\lambda A_0} + \frac{1}{\alpha_2\left(\dfrac{28}{3}\eta_f + \dfrac{2}{3}\right)A_0}$$

$$\therefore \quad \frac{1}{k_F} = \frac{1}{5000} + \frac{0.0050}{50} + \frac{1}{50.0\left(\frac{28}{3} \times 0.790 + \frac{2}{3}\right)} = 0.002788$$

$$k_F = 359 \text{ W/(m}^2\cdot\text{K)}$$

$$\therefore \quad \frac{Q_F}{Q_0} = \frac{k_F}{k_0} = \frac{359}{49.3} = 7.3 \text{ 倍}$$

水側の伝熱面にフィンを付けると，同様にして，

$$\frac{1}{k'_F} = \frac{1}{5000\left(\frac{28}{3} \times 0.790 + \frac{2}{3}\right)} + \frac{0.0050}{50} + \frac{1}{50.0} = 0.02012$$

$$k'_F = 49.7 \text{ W/(m}^2\cdot\text{K)}$$

$$\therefore \quad \frac{Q'_F}{Q_0} = \frac{k'_F}{k_0} = \frac{49.7}{49.3} = 1.01 \text{ 倍}$$

注：この例題から明らかなように，熱通過において，熱伝達率の大きい側の伝熱面にフィンを付けても，伝熱量増大の効果はほとんどない（**2・3・5** 節参照）．

〔例題 **2・12**〕

直径 5.0 mm の細長い真ちゅう〔熱伝導率 80 W/(m·K)〕製の丸棒が，50 mm 離して平行に置かれた板の間に渡して取り付けてある．板の表面温度はそれぞれ 70°C および 100°C に保たれており，板の間を流れる空気の温度は 20°C，丸棒表面における熱伝達率は 140 W/(m²·K) である．丸棒の軸方向の温度分布および丸棒から空気への放熱量を求めよ．

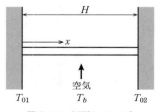

図 2・11　例題 2・12 の系

〔解〕

　丸棒の軸に直角な断面では温度は一様と仮定する．図 **2・11** のように，一方の板の面から丸棒の軸方向に座標 x をとる．任意の点 x における丸棒の微小体積要素について熱量の収支を考えると，式(**2・78**)と同じ微分方程式が得られ，これの一般解は式(**2・79**)，すなわち次式で表される．ただし，いまの場合，$\theta = T - T_b$ とおく．

$$\theta = C_1 e^{mx} + C_2 e^{-mx} \tag{1}$$

ここに，$m = \sqrt{\dfrac{\alpha S}{\lambda A}}$

境界条件は，

$$x = 0 \quad ; \quad \theta = \theta_{01}$$
$$x = H \quad ; \quad \theta = \theta_{02}$$

したがって，

$$\left. \begin{array}{l} C_1 + C_2 = \theta_{01} \\ C_1 e^{mH} + C_2 e^{-mH} = \theta_{02} \end{array} \right\} \tag{2}$$

式(**2**)の連立方程式を解くと，

$$\left. \begin{array}{l} C_1 = \dfrac{\theta_{02} - \theta_{01} e^{-mH}}{e^{mH} - e^{-mH}} \\ C_2 = \dfrac{\theta_{01} e^{mH} - \theta_{02}}{e^{mH} - e^{-mH}} \end{array} \right\} \tag{3}$$

式(**3**)を式(**1**)に代入して，整理すると，

$$\theta = \dfrac{\theta_{01}[e^{m(H-x)} - e^{-m(H-x)}] + \theta_{02}(e^{mx} - e^{-mx})}{e^{mH} - e^{-mH}}$$

$$= \dfrac{\theta_{01} \sinh[m(H-x)] + \theta_{02} \sinh(mx)}{\sinh(mH)} \tag{4}$$

丸棒からの放熱量 Q は，丸棒と板との両接合面を流れる熱量の和に等しいので，

$$Q = -\lambda A \left(\dfrac{d\theta}{dx} \right)_{x=0} + \lambda A \left(\dfrac{d\theta}{dx} \right)_{x=H} \tag{5}$$

式(**4**)から

$$\left(\frac{d\theta}{dx}\right)_{x=0} = \frac{-m\theta_{01}\cosh(mH) + m\theta_{02}}{\sinh(mH)}$$
$$\left(\frac{d\theta}{dx}\right)_{x=H} = \frac{-m\theta_{01} + m\theta_{02}\cosh(mH)}{\sinh(mH)} \quad (6)$$

式(6)を式(5)に代入して，整理すると，

$$Q = m\lambda A \frac{(\theta_{01} + \theta_{02})[\cosh(mH) - 1]}{\sinh(mH)} \quad (7)$$

ここで，与えられた数値から，

$$m = \sqrt{\frac{\alpha S}{\lambda A}} = 2 \times \sqrt{\frac{\alpha}{\lambda D}} = 2 \times \sqrt{\frac{140}{80 \times 0.0050}} = 37.4 \text{ m}^{-1}$$

$mH = 37.4 \times 0.050 = 1.87$

$\sinh(mH) = 3.17, \qquad \cosh(mH) = 3.32$

$\theta_{01} = T_{01} - T_b = 70 - 20 = 50\,°C$

$\theta_{02} = T_{02} - T_b = 100 - 20 = 80\,°C$

$A = \frac{\pi}{4}D^2 = \frac{\pi}{4} \times 0.0050^2 = 1.964 \times 10^{-5} \text{ m}^2$

$\lambda = 80 \text{ W/(m·K)}$

これらの数値を式(4)および式(7)に代入して，整理すると，

温度分布　$T = 20 + 15.8\sinh(1.87 - 37.4x) + 25.2\sinh(37.4x)$ 　[°C]

　　　　　ただし，x は温度 70°C の面からの距離 [m]

放熱量　$Q = \dfrac{37.4 \times 80 \times 1.964 \times 10^{-5} \times (50 + 80) \times (3.32 - 1)}{3.17} = 5.6 \text{ W}$

〔例題 2·13〕

　直径 2.6 mm，高さ 20.0 mm の丸棒状のフィンが金属壁に取り付けられている．フィンは熱伝導率 42.8 W/(m·K) の炭素鋼製であり，フィン根元の温度は 86.0°C，周囲の空気の温度は 16.0°C，フィン表面から空気への熱伝達率は 128 W/(m²·K) である．軸に垂直なフィンの断面では温度は一様である．このフィンを軸方向に均等に 4 分割して，図 2·12 に示すように，各点に 0〜4 の番号を付ける．1〜4 の各点（各断面）の温度およびこのフィンからの放熱量を求めよ．ただし，各点は点を中心としてそれぞ

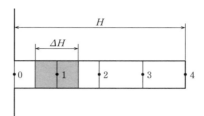

図 **2·12** 例題 **2·13** のフィンの分割

れ $\pm \Delta H/2$（ΔH は4分割したフィンの1分割の長さ）の長さの部分（たとえば，1の点ならば図 **2·12** で薄く塗りつぶした部分）を代表していると考えて，各点における熱収支の式を立てて，数値計算によって解を求めよ．

〔解〕

各点の温度を T_i [°C]（$i = 0, 1, 2, 3, 4$）とする．

フィン根元の温度 $T_0 = 86.0°C$，　　周囲の空気の温度 $T_b = 16.0°C$

熱伝導率 $\lambda = 42.8 \, W/(m \cdot K)$，　　熱伝達率 $\alpha = 128 \, W/(m^2 \cdot K)$

周長 $S = \pi \times 0.0026 = 8.17 \times 10^{-3}$ m，　　断面積 $A = \pi \times 0.0026^2/4 = 5.31 \times 10^{-6}$ m^2

軸方向の1分割の長さ $\Delta H = 0.0200/4 = 5.0 \times 10^{-3}$ m

たとえば，点1に関しては，点0から伝導で熱が流入し，点2に伝導で熱が流出する．さらに，点1が代表するフィン表面から周囲の空気に対流で熱が出ていく．したがって，点1に関する熱収支から，次式がなりたつ．

$$\frac{\lambda A}{\Delta H}(T_0 - T_1) = \frac{\lambda A}{\Delta H}(T_1 - T_2) + \alpha S \Delta H (T_1 - T_b)$$

点2と点3についても同様な式がなりたつ．点4に関しては，伝導で出ていく熱量はないが，周（面積は他の点の半分）のほかに先端からの放熱があるので，次式がなりたつ．

$$\frac{\lambda A}{\Delta H}(T_3 - T_4) = \frac{\alpha S \Delta H}{2}(T_4 - T_b) + \alpha A (T_4 - T_b)$$

これらの式を整理して表せば，次の4つの式になる．

$$\left(\frac{2\lambda A}{\Delta H} + \alpha S \Delta H\right) T_1 - \frac{\lambda A}{\Delta H} T_2 = \frac{\lambda A}{\Delta H} T_0 + \alpha S \Delta H \, T_b$$

$$\frac{\lambda A}{\Delta H}T_1 - \left(\frac{2\lambda A}{\Delta H} + \alpha S\Delta H\right)T_2 + \frac{\lambda A}{\Delta H}T_3 = -\alpha S\Delta H\, T_b$$

$$\frac{\lambda A}{\Delta H}T_2 - \left(\frac{2\lambda A}{\Delta H} + \alpha S\Delta H\right)T_3 + \frac{\lambda A}{\Delta H}T_4 = -\alpha S\Delta H\, T_b$$

$$\frac{\lambda A}{\Delta H}T_3 - \left(\frac{\lambda A}{\Delta H} + \frac{\alpha S\Delta H}{2} + \alpha A\right)T_4 = -\left(\frac{\alpha S\Delta H}{2} + \alpha A\right)T_b$$

さらに，上式に与えられた数値を代入して，整理すると，

$$0.0952T_1 - 0.0450T_2 \hspace{4em} = 3.95$$
$$0.0450T_1 - 0.0952T_2 + 0.0450T_3 \hspace{2em} = -0.0837$$
$$0.0450T_2 - 0.0952T_3 + 0.0450T_4 = -0.0837$$
$$0.0450T_3 - 0.0483T_4 = -0.0526$$

この連立方程式を解く．その結果，

$$T_1 = 68.6°C, \quad T_2 = 57.4°C, \quad T_3 = 51.0°C, \quad T_4 = 48.6°C$$

次にフィンからの放熱量 Q_f を求める．これは，上記の各点の熱収支を考えたときの放熱量のほかに，点 0 が代表する部分からの放熱量を付け加えた次式で表される．

$$Q_f = \frac{\alpha S\Delta H}{2}(T_0 - T_b) + \alpha S\Delta H(T_1 - T_b) + \alpha S\Delta H(T_2 - T_b)$$

$$+ \alpha S\Delta H(T_3 - T_b) + \frac{\alpha S\Delta H}{2}(T_4 - T_b) + \alpha A(T_4 - T_b)$$

$$= \alpha S\Delta H(T_1 + T_2 + T_3 - 3T_b) + \frac{\alpha S\Delta H}{2}(T_0 + T_4 - 2T_b) + \alpha A(T_4 - T_b)$$

この式に与えられた数値および上で求めた各点の温度の数値を代入すると，

$$Q_f = 0.00523(68.6 + 57.4 + 51.0 - 3 \times 16.0)$$
$$+ 0.00261(86.0 + 48.6 - 2 \times 16.0) + 0.000680(48.6 - 16.0)$$
$$= 0.965 \text{ W/fin}$$

なお，問題で与えられた数値を用いて式(**2·88**)および式(**2·89**)から算出すると，

$$T_1 = 68.6°C, \quad T_2 = 57.2°C, \quad T_3 = 50.8°C, \quad T_4 = 48.4°C,$$
$$Q_f = 0.961 \text{ W/fin}$$

となり，数値解法で十分精度よく算出されていることがわかる．

注：この例題の場合は数値解法よりも式(2·88)および式(2·89)を用いて計算するほうが容易であるが，フィンの形状によっては数値解法で解かざるをえない場合もある．この例題によって熱伝導の数値解法の考え方と方法の一端を理解していただきたい（演習問題 2·6 および 2·7 も参照）．

2章 演習問題

2·1 定常状態で半径方向にのみ温度分布がある固体球に関する熱伝導の基礎微分方程式は式(2·36)になることを，球内の微小体積要素の熱収支を考えることにより導け．

2·2 厚さ a の平板 A と厚さ b の平板 B が密着して重ね合わされており，平板 A の内部では単位時間，単位体積あたりに H の熱量が発生している．平板 A の他方の面（$x = 0$ の面）は断熱されており，平板 B の他方の面（$x = a + b$ の面）は温度 T_b の流体と接していて，その熱伝達率は α である．平板 A の熱伝導率は λ_A，平板 B の熱伝導率は λ_B であり，平板間の接触熱抵抗は無視できるものとする．平板は十分に広く，熱の流れは厚さ方向（x 方向）のみであると考えてよい．この場合の定常状態における平板 A の温度 T_A および平板 B の温度 T_B の分布はそれぞれ次の形で表される．

$$T_A = A_0 + A_1 x + A_2 x^2$$
$$T_B = B_0 + B_1 x$$

ここに，x は平板 A の断熱された面から板の厚さ方向にとった座標である．上式の係数 A_0, A_1, A_2, B_0, B_1 の値を本文中の記号 a, b, λ_A, λ_B, H, α, T_b を用いて求めよ．

2·3 原子力発電所の軽水炉では，粉末状の二酸化ウランを焼き固めて小さい円柱状に成形した燃料ペレットを，多数積み重ねて被覆管内に収め密封した燃料棒を使用している．燃料棒内ではウランの核分裂によって熱が発生し，この熱を燃料棒の外側を流れる冷却材（水）によって除去している．熱は燃料棒の半径方向にのみ流れるとして，定常状態における燃料棒中心と冷却材の温度差 $T_c - T_b$ を与える式を導け．ただし，燃料ペレット内で単位時間，単位体積あたりに発生する熱量を H，燃料ペレットと被覆管材の熱伝導率をそれぞれ λ_1 と λ_2，燃料ペレットの半径を R_1，被覆管の外半径を R_2，燃料棒と冷却材との間の熱伝達率を α とし，燃料ペレットと被覆管とは密着していて，その間の接触熱抵抗は無視できるものとする．

2·4 ある金属の熱伝導率を測定するために，この金属で直径 26.0 mm，長さ 50.0 mm の円柱状の試験片をつくった．試験片の一方の端面（円状の面）を 50.0℃，他方の端面を 20.0℃ の温度に保ち，試験片の側面を完全に断熱して，定常状態になったときに，試験片内を一方の端面から他方の端面に流れる熱量を測ったところ，5 分間で 6.12 kJ であった．この金属の熱伝導率 [W/(m·K)] を求めよ．

2·5 図 2·13 は材質の異なる三つの平板 A，B，C を重ねた多層平板中の定常状態における温度分布を示したものである．各材質の熱伝導率はそれぞれ一定であり，平板の厚さ方向（x 方向）に垂直な面では温度は一様と考えてよい．次の問いに理由を付して答えよ．

（1） 図示した面 1，2，3 における熱流束 q_1，q_2，q_3 の大きさを比較せよ．

（2） 各平板の熱伝導率 λ_A，λ_B，λ_C の大きさを比較せよ．

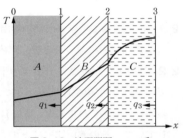

図 2·13 演習問題 2·5 の系

2·6 断面および材質が均等な金属棒からなる図 2·14 に示す物体がある．各棒片の端の温度が図示された値に保たれているとすれば，交点 a および b における温度はそれぞれいくらになっていると考えられるか．ただし，棒内で発熱はなく，熱は棒を通ってのみ流れ，棒表面と外部との熱の出入りはないものとする．

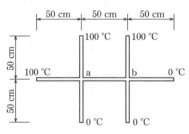

図 2·14 演習問題 2·6 の系

2·7 図 2·15 はある固体壁の隅の部分の断面を示したものである．この壁の表面（点 A，0，B を結んだ面）は温度 20℃ の空気と接しており，その熱伝達率は 14 W/(m²·K) である．固体壁の熱伝導率は 0.80 W/(m·K) である．いま，図に示すように，固体壁内に縦，横ともに間隔が 4 cm の正方形格子を仮

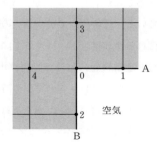

図 2·15 演習問題 2·7 の系

想する．壁内の熱の通路をこの格子で代表させ，熱は格子棒を通ってのみ移動すると考える．すなわち，格子棒の熱伝導率は固体壁の熱伝導率に等しく，格子棒の断面積は格子間隔の幅に対応する断面積（ただし，固体壁表面上の格子棒ではその半分）であると考える．定常状態において，図示した各格子点の温度が下記の値であるとき，点 0 の温度はいくらであると推定されるか．ただし，図において，紙面に垂直方向の壁内の熱移動はないものとする．

格子点	1	2	3	4
温度 °C	84	72	110	94

2・8 薄い金属板で囲われた表面積が $54\,m^2$ の密閉空間内で毎秒 12 kJ の熱量が発生している．金属板の外側に熱伝導率 $0.10\,W/(m\cdot K)$ の保温材を張り付けることによって，密閉空間内の温度を 100°C に保ちたい．保温材の厚さをいくらにすればよいか．ただし，金属板と保温材からなる壁は平面壁とみなしてよい．外気の温度は 20°C，壁の内側と外側における熱伝達率は，放射の影響も含めて，それぞれ $20\,W/(m^2\cdot K)$ および $10\,W/(m^2\cdot K)$ であり，金属板内の熱抵抗は無視できるものとする．

2・9 薄い金属板で囲われた密閉空間の内側から外側の大気へ金属板を通して熱が逃げている．この損失熱量を半分に減らすために，金属板の外側に熱伝導率 $0.20\,W/(m\cdot K)$ の断熱材を張り付けることにした．断熱材の厚さをいくらにすればよいか．ただし，壁の内外における熱伝達率は，放射の影響も含めて，それぞれ $20\,W/(m^2\cdot K)$ および $10\,W/(m^2\cdot K)$ であり，金属板内の熱抵抗は無視できるものとする．

2・10 温度 120°C，流量 0.0327 kg/s の乾き飽和蒸気が蒸気輸送管内に流入している．管の長さは 18.5 m，外径は 44 mm であり，外気の温度は 20 °C である．管から外気への熱損失のために，管内を流れる蒸気の一部が凝縮して水になる．いま，この熱損失を減らすために，管の外側に熱伝導率が $0.16\,W/(m\cdot K)$ の保温材を施すことにする．管全長における蒸気の凝縮量を流量の 2 % 以下にするためには，保温材の厚さをいくらにすればよいか．ただし，温度 120°C における蒸発潜熱は 2202 kJ/kg，保温材表面と外気との間の熱伝達率は $10\,W/(m^2\cdot K)$ であり，管内側および管壁内の熱抵抗はいずれも無視できるものとする．

2・11 同心の二つの金属製球殻で構成された容器の内側球の中に，温度 −4.8°C の冷

媒が入っている．二つの金属球の間には熱伝導率 0.105 W/(m·K) の断熱材が詰められている．外側の金属球の外径は 394 mm，内径は 386 mm，内側の金属球の外径は 330 mm，内径は 322 mm である．外気の温度が 15°C のとき，外気から容器内の冷媒に侵入する熱量はいくらになるか．ただし，外気と球外面との熱伝達率は，放射の影響も含めて，10.5 W/(m²·K) である．球内面と冷媒との熱伝達の抵抗および二つの金属製球殻内の半径方向熱伝導の抵抗は無視できるものとする．なお，冷媒の出し入れ口の部分は球壁と同じ構造とみなして計算してよい．

2·12 根元の温度が 250°C に保たれた直径 20 mm，高さ 200 mm の細長い棒状フィンを用いて，熱伝達率 15 W/(m²·K) の対流伝熱により，15°C の大気に放熱する．フィンの先端面での放熱は無視できる．棒の材質が ① 銅〔熱伝導率 372 W/(m·K)〕，② ステンレス鋼〔熱伝導率 17 W/(m·K)〕，③ ガラス〔熱伝導率 0.76 W/(m·K)〕の場合について，それぞれのフィンからの放熱量およびフィン効率を求めて，その結果を比較せよ．

2·13 1 m 四方の平面壁にアルミニウム製の直径 3.0 mm，高さ 30 mm の細長い棒状フィンを付けることによって伝熱量を 2 倍にしたい．何本フィンを付ければよいか．ただし，熱伝達率はフィンを付けることによって変わることなく，壁表面およびフィン表面において 25 W/(m²·K) である．

3
対 流 伝 熱

3·1 熱 伝 達 率

　固体表面と流体との間の伝熱は，流体の対流によって行われる．流体と接している固体表面の面積（伝熱面積）を A [m^2]，その温度を T_w [K または °C]，流体の温度を T_b [K または °C] とすれば，固体表面から流体への対流による伝熱量 Q [W] は次式で表される．

$$Q = \alpha(T_w - T_b)A \quad [\text{W}] \tag{3·1}$$

　この式で定義される**熱伝達率（熱伝達係数）** α [W/(m^2·K)] の値を何らかの方法で知れば，伝熱量 Q または伝熱面温度 T_w あるいは伝熱面積 A を求めることができる．したがって，この章では，いろいろな場合の熱伝達率をどのようにして求めればよいかについて考える．

　流体が温度の高い固体表面に沿って流れている場合には（流体のほうが温度が高い場合には，以下の説明で熱の流れの向きが逆），熱はまず固体と接している流体粒子に伝えられ，その熱が流体内を熱伝導および流体粒子の運動によって，固体表面に垂直な方向に伝えられる．その際一部の熱は流れによって，固体表面に平行な方向に持ち去られる．固体表面と接している流体粒子の速度はゼロであるため，ここでは熱伝導のみで熱が伝えられる．したがって，ここにおける単位面積，単位時間あたりの伝熱量 q_x [W/m^2] は，フーリエの法則から，次式で表される．

$$q_x = \frac{dQ_x}{dA_x} = -\lambda\left(\frac{\partial T}{\partial y}\right)_{y=0} \quad [\text{W/m}^2] \tag{3·2}$$

ここに,

x：固体表面に沿った流れ方向の座標 [m]

y：固体表面に垂直な方向の座標 [m]

T：流体の温度 [K または °C]

λ：流体の熱伝導率 [W/(m·K)]

したがって，任意の位置 x における流体の y 方向の温度分布 $T_x(y)$ が決まれば，固体表面上のその点 x における伝熱量（局所熱流束 q_x，さらには熱伝達率（後述の局所熱伝達率 α_x）が決まる．流体の温度分布は，流体の性質，流動条件および境界の形状によって異なってくるので，熱伝達率もこれらの関数であり，その値は一般に固体表面の場所によって異なる．式 (3·1) をある特定の場所 x に適用すると，

$$q_x = \frac{dQ_x}{dA_x} = \alpha_x(T_{wx} - T_{bx}) \quad [\text{W/m}^2] \tag{3·3}$$

この式で定義される α_x [W/(m²·K)] を**局所熱伝達率**（**局所熱伝達係数**，local heat transfer coefficient）という．

実際の問題としては，考えている固体表面全体からの伝熱量 Q [W] を知りたいという場合が多い．面積 A [m²] の伝熱面全体についての平均値を考えると，

$$q = \frac{Q}{A} = \alpha(T_w - T_b) \quad [\text{W/m}^2] \tag{3·4}$$

ここに，q：平均熱流束 [W/m²]

T_w および T_b：伝熱面温度および流体温度の適当にとった平均値

[K または °C]

式 (3·4) で定義される α [W/(m²·K)] を**平均熱伝達率**（**平均熱伝達係数**，average heat transfer coefficient）という．たとえば，長さ L の管または平板（管周長または板幅は B．ただし，管周または板幅の方向には一様な状態とする）を考えると，平均熱流束 q は，

$$q = \frac{Q}{A} = \frac{B\int_0^L q_x dx}{BL} = \frac{1}{L}\int_0^L q_x dx \quad [\text{W/m}^2] \tag{3·5}$$

平均熱伝達率 α は，式 (3·3)，式 (3·4) および式 (3·5) から，

$$\alpha = \frac{1}{T_w - T_b}\frac{1}{L}\int_0^L \alpha_x(T_{wx} - T_{bx})dx \qquad [\mathrm{W/(m^2 \cdot K)}] \tag{3・6}$$

流体温度 T_{bx} および伝熱面温度 T_{wx} が長さ方向（x 方向）にも一様の場合には，

$$\alpha = \frac{1}{L}\int_0^L \alpha_x dx \qquad [\mathrm{W/(m^2 \cdot K)}] \tag{3・7}$$

実際上では，固体表面の局所の温度を知りたいとき（たとえば，伝熱面温度が許される限界の温度以下になっているか否かを調べるとき）には，局所熱伝達率の値が必要となり，伝熱量あるいは伝熱面積を知りたいときには，平均熱伝達率の値がわかればよい．

対流には，ポンプや送風機などの流動強制力によって生じる**強制対流**と，外部からの強制力にはよらず，流体内の密度差にもとづく浮力によって生じる**自然対流（自由対流**ともいう）とがある．これら両者の対流の機構は異なっているため，両者で熱伝達率は異なった法則に支配される．

また，熱伝達率は流れの状態が層流であるか，乱流であるかによっても違ってくる．**層流**では，流線に直角方向の熱の輸送は，分子拡散すなわち熱伝導のみによって行われる．一方，**乱流**では，熱伝導のほかに，不規則に運動する渦によっても，流れと直角な方向に熱が伝えられる．しかも，乱れが大きい領域では，この渦拡散によって伝えられる量は，分子拡散による量よりもはるかに大きくなる．ただし，壁面から離れたところの流れが乱流であっても，壁面に接したところには通常粘性底層が存在し，この部分では熱伝導のみによって熱が伝えられる（3・3・1節参照）．これらの結果，乱流における伝熱量，したがって熱伝達率は，層流におけるものよりも数倍大きくなる．

このように，流れが層流であるか乱流であるかによって熱伝達は大きく影響を受けるので，熱伝達率を予測する場合には，これをよく見分けた上で，それに対応した式を用いなければならない．

〔例題 3・1〕

加熱された平板に沿って温度 10℃ の空気が流れている．平板の先端からある距離の点における平板に垂直方向の空気温度 T [℃] の分布が平板の近くで次式のように表されることがわかった．

$$T = 70 - 4.7\times 10^4 y + 4.5\times 10^9 y^3$$

ここに，y は平板表面からの垂直方向の距離 [m] である．この点における局所熱伝

達率 α_x [W/(m²·K)] の値を求めよ．

〔**解**〕

与えられた温度分布の式から，

$$\frac{dT}{dy} = -4.7 \times 10^4 + 3 \times 4.5 \times 10^9 y^2$$

$$q_x = -\lambda \left(\frac{dT}{dy}\right)_{y=0} = \lambda \times 4.7 \times 10^4$$

平板表面の温度は，与えられた温度分布の式で $y=0$ の値であるから，$T_{wx} = 70$ °C. この温度における空気の熱伝導率 λ の値は，後掲の表 **3·4** から，$\lambda = 29.36 \times 10^{-3}$ W/(m·K)．

$$\therefore\ q_x = 29.36 \times 10^{-3} \times 4.7 \times 10^4 = 1.38 \times 10^3 \text{ W/m}^2$$

$$\alpha_x = \frac{q_x}{T_{wx} - T_b} = \frac{1.38 \times 10^3}{70 - 10} = 23 \text{ W/(m}^2\text{·K)}$$

3·2 対流伝熱の理論

3·2·1 基礎方程式

対流伝熱は流体の運動に伴う伝熱現象である．この場合，伝熱に直接関与するのは，固体表面近くの**境界層**（速度境界層，温度境界層）の領域である（**3·3·1** 節参照）．境界層内の流体の温度分布がわかれば，前に述べたように，熱伝達率を求めることができる．この温度分布は，理論的には，境界層内の微小体積要素に関する熱収支から得られるエネルギー式を解くことによって求められる．ただし，流体の温度分布は流体の運動の影響を受けるので，エネルギー式には流体の速度が含まれている．したがって，速度分布を求めるために，境界層に関する連続の式と運動方程式も併せて解く必要がある．

一例として，物性値一定の流体の平板に

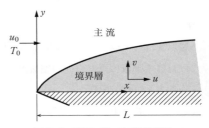

図 3·1 平板に沿った境界層流れ

沿った定常二次元強制対流層流境界層の場合を考える．

図 **3・1** に示すように座標 x と y をとり，点 x, y における x 方向と y 方向の速度成分をそれぞれ u および v とする．近寄り速度と温度はそれぞれ u_0 と T_0 であり，これらはまた主流の速度と温度でもある．この場合の境界層内の流れに関する連続の式，運動方程式およびエネルギー式はそれぞれ次のように表される．

連続の式 $\quad \dfrac{\partial u}{\partial x} + \dfrac{\partial v}{\partial y} = 0 \qquad (3 \cdot 8)$

運動方程式 $\quad u\dfrac{\partial u}{\partial x} + v\dfrac{\partial u}{\partial y} = \nu\dfrac{\partial^2 u}{\partial y^2} \qquad (3 \cdot 9)$

エネルギー式 $\quad u\dfrac{\partial T}{\partial x} + v\dfrac{\partial T}{\partial y} = a\dfrac{\partial^2 T}{\partial y^2} \qquad (3 \cdot 10)$

ここに，T：点 x, y における流体の温度 ［K または ℃］
　　　　a：流体の温度伝導率 ［m^2/s］
　　　　ν：流体の動粘性係数 ［m^2/s］

以下にこれらの式を導出する．

境界層内の流体中に $dx \times dy \times 1$ の微小体積要素を仮想する．図 **3・2** に示すこの体積要素に出入りする単位時間あたりの質量 W_x, W_y, W_{x+dx}, W_{y+dy} はそれぞれ次のように表される．

$$W_x = \rho u dy \qquad (3 \cdot 11)$$

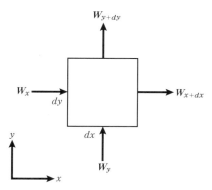

図 **3・2**　境界層内の微小体積要素に出入りする質量

$$W_y = \rho v dx \tag{3・12}$$

$$W_{x+dx} = W_x + \frac{\partial W_x}{\partial x}dx = \rho u dy + \rho \frac{\partial u}{\partial x}dxdy \tag{3・13}$$

$$W_{y+dy} = W_y + \frac{\partial W_y}{\partial y}dy = \rho v dx + \rho \frac{\partial v}{\partial y}dxdy \tag{3・14}$$

ここに，ρ：流体の密度 [kg/m^3]

定常状態においては，微小体積要素に入ってくる流体の質量と出ていく流体の質量は等しいので，

$$W_x + W_y = W_{x+dx} + W_{y+dy} \tag{3・15}$$

上式に式(3・11)～式(3・14)を代入して，整理すると，式(3・8)の連続の式が得られる．

境界層内の流体中に上記と同じ微小体積要素（$dx \times dy \times 1$）を仮想して，この体積要素に出入りする流体の運動量を考える．平板に垂直なy方向の速度成分は非常に小さいので，平板に平行なx方向の運動量のみを考えればよい．それは図3・3に示したようになる．図中の単位時間あたりの運動量 M_x, M_y, M_{x+dx}, M_{y+dy} はそれぞれ次のように表される．

$$M_x = u(\rho u)dy \tag{3・16}$$

$$M_y = v(\rho u)dx \tag{3・17}$$

$$M_{x+dx} = M_x + \frac{\partial M_x}{\partial x}dx = u(\rho u)dy + 2\rho u \frac{\partial u}{\partial x}dxdy \tag{3・18}$$

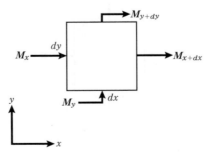

図3・3 境界層内の微小体積要素に出入りするx方向の運動量

$$M_{y+dy} = M_y + \frac{\partial M_y}{\partial y}dy = v(\rho u)dx + \rho u\frac{\partial v}{\partial y}dxdy + \rho v\frac{\partial u}{\partial y}dxdy \qquad (3\cdot 19)$$

微小体積要素に出入りする x 方向の運動量の差 $(M_{x+dx} + M_{y+dy}) - (M_x + M_y)$ に式(3·16)～式(3·19)を代入して，整理すると〔その際，式(3·8)を適用して式を簡略化する〕，

$$(M_{x+dx} + M_{y+dy}) - (M_x + M_y) = \left(\rho u\frac{\partial u}{\partial x} + \rho v\frac{\partial u}{\partial y}\right)dxdy \qquad (3\cdot 20)$$

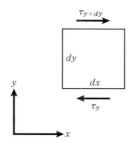

図 **3·4**　境界層内の微小体積要素の上下面に作用するせん断応力

次に，微小体積要素に働く x 方向の力を考える．平板上の流れでは圧力の変化は小さいので，図 **3·4** に示したように，体積要素の上下面にはたらく流体の粘性によるせん断応力 τ [Pa] のみを考えればよい．上下面にはたらく x 方向のせん断力はそれぞれ次のように表わされる．

$$\tau_y dx = \mu\frac{\partial u}{\partial y}dx \qquad (3\cdot 21)$$

$$\tau_{y+dy}dx = \tau_y dx + \frac{\partial \tau_y}{\partial y}dydx = \mu\frac{\partial u}{\partial y}dx + \mu\frac{\partial^2 u}{\partial y^2}dxdy \qquad (3\cdot 22)$$

ここに，μ：流体の粘性係数 [Pa·s]

したがって，微小体積要素にはたらく x 方向の正味の力は，

$$\tau_{y+dy}dx - \tau_y dx = \mu\frac{\partial^2 u}{\partial y^2}dxdy \qquad (3\cdot 23)$$

ニュートンの第二法則から，この力が単位時間あたりの x 方向の運動量の変化に等しいので，式(3·20)と式(3·23)から，

$$\rho u \frac{\partial u}{\partial x} + \rho v \frac{\partial u}{\partial y} = \mu \frac{\partial^2 u}{\partial y^2} \tag{3・24}$$

上式の両辺を密度 ρ で割ると，式(3・9)の運動方程式が得られる．

次に，境界層内の流体中に上記と同じ微小体積要素（$dx \times dy \times 1$）を仮想し，この体積要素に出入りするエネルギーを考える．特別に高速ではない通常の流れでは，運動エネルギーおよび粘性による発熱は無視できるので，図 3・5 に示すように，熱エネルギーの出入りだけを考えればよい．図に示す単位時間あたりの熱量 Q_x, Q_y, Q_{x+dx}, Q_{y+dy} はそれぞれ次のように表される．ただし，流体中の x 方向の温度勾配 $\partial T/\partial x$ は一般に十分小さいので，x 方向の熱伝導は無視する．

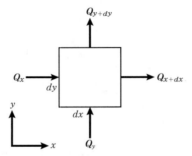

図 3・5　境界層内の微小体積要素に出入りする熱量

$$Q_x = \rho u h\, dy \tag{3・25}$$

$$Q_y = -\lambda \frac{\partial T}{\partial y} dx + \rho v h\, dx \tag{3・26}$$

$$Q_{x+dx} = Q_x + \frac{\partial Q_x}{\partial x} dx = \rho u h\, dy + \rho \frac{\partial (uh)}{\partial x} dx dy \tag{3・27}$$

$$Q_{y+dy} = Q_y + \frac{\partial Q_y}{\partial y} dy$$

$$= -\lambda \frac{\partial T}{\partial y} dx - \lambda \frac{\partial^2 T}{\partial y^2} dy dx + \rho v h\, dx + \rho \frac{\partial (vh)}{\partial y} dy dx \tag{3・28}$$

ここに，h：点 x, y における流体の比エンタルピー［J/kg］
　　　　λ：流体の熱伝導率［W/(m・K)］

定常状態においては，微小体積要素に入ってくる流体の熱量と出ていく流体の熱量は等しいので，

$$Q_x + Q_y = Q_{x+dx} + Q_{y+dy} \tag{3・29}$$

上式に式(3・25)〜式(3・28)を代入して，整理すると，

$$\rho u \frac{\partial h}{\partial x} + \rho v \frac{\partial h}{\partial y} = \lambda \frac{\partial^2 T}{\partial y^2} \tag{3・30}$$

圧力の変化は無視できるので，$dh = c_p dT$

ここに，c_p：流体の定圧比熱［J/(kg・K)］

この関係と温度伝導率 $a = \lambda/(c_p \rho)$ を用いて式(3・30)を書き直すと，式(3・10)のエネルギー式が得られる．

式(3・8)，式(3・9)，式(3・10)の境界条件としては，たとえば，

$$\left. \begin{array}{l} x = 0 \;\;;\;\; u = u_0, \;\; T = T_0 \\ y = 0 \;\;;\;\; u = 0, \;\; v = 0, \;\; T = T_w \\ y = \infty \;\;;\;\; u = u_0, \;\; T = T_0 \end{array} \right\} \tag{3・31}$$

これらの基礎方程式の解として流体の温度分布 $T(x, y)$ が求まると，式(3・2)から q_x が，さらに，式(3・3)および式(3・6)または式(3・7)から α_x および α が求まる（例題3・7参照）．

ただし，実際の対流伝熱の現象に対応した理論解（数値解を含む）を得ることは困難な場合が多い．したがって，そのような場合には，実験を行って種々の条件における熱伝達率を測定し，次の3・2・2節で述べる相似則を利用して，実験データをよく表すような無次元の式を求めている（3・3節以降に記している熱伝達率の予測式の大部分はこのようにして得られたものである）．

〔例題 3・2〕

物性値一定の流体が円管内を流れている場合のエネルギー式は，次の式(3・32)になることを示せ．ただし，流れは十分発達した層流（3・3・4節参照）であり，粘性による発熱は無視できるものとする．x は管軸方向の座標，r は管中心からの半径方向座標，u は x 方向の速度である．

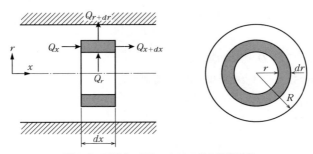

図 3·6 円管内の流れにおける微小体積要素

$$u\frac{\partial T}{\partial x} = a\frac{1}{r}\frac{\partial}{\partial r}\left(r\frac{\partial T}{\partial r}\right) \tag{3·32}$$

〔解〕

図 3·6 の薄く塗りつぶした部分で示したように，流体中に円環状の微小体積要素をとり，これに関する熱量の収支を考える．十分発達した層流であるから，半径方向の速度 $v=0$ である．また，流体中の管軸方向の温度勾配 $\partial T/\partial x$ は一般に十分小さいので，管軸方向の熱伝導は無視する．これらのことを考慮すると，

$$Q_x = \rho u h\, 2\pi r dr$$

$$Q_{x+dx} = \rho u\left(h + \frac{\partial h}{\partial x}dx\right)2\pi r dr$$

$$Q_r = -\lambda\frac{\partial T}{\partial r}2\pi r dx$$

$$Q_{r+dr} = -\lambda\left[\frac{\partial T}{\partial r}2\pi r + \frac{\partial}{\partial r}\left(\frac{\partial T}{\partial r}2\pi r\right)dr\right]dx$$

定常状態における微小体積要素に関する熱収支は，

$$Q_x + Q_r = Q_{x+dx} + Q_{r+dr}$$

$$\therefore\ \rho u\frac{\partial h}{\partial x} = \lambda\frac{1}{r}\frac{\partial}{\partial r}\left(r\frac{\partial T}{\partial r}\right)$$

圧力の変化は無視できるので，　$dh = c_p dT$

これを上式に代入して，整理すると，式(3·32) が求まる．

3・2・2 対流伝熱の相似則

粘性流体の流れの特性は，よく知られているように，無次元のレイノルズ数に関係しているが，対流によって熱が伝えられる場合には，次のような無次元特性数が関係してくる．

ヌセルト数（Nusselt number）	$Nu = \dfrac{\alpha L}{\lambda}$		(3・33)
レイノルズ数（Reynolds number）	$Re = \dfrac{u_0 L}{\nu}$		(3・34)
プラントル数（Prandtl number）	$Pr = \dfrac{\nu}{a}$		(3・35)
ペクレ数（Peclet number）	$Pe = \dfrac{u_0 L}{a} = Re \cdot Pr$		(3・36)
グラスホフ数（Grashof number）	$Gr = \dfrac{L^3 g \beta (T_w - T_\infty)}{\nu^2}$		(3・37)

ここに，L　：伝熱面の代表寸法 [m]
　　　　α　：熱伝達率 [W/(m²·K)]
　　　　λ　：流体の熱伝導率 [W/(m·K)]
　　　　u_0　：流れの代表速度 [m/s]
　　　　ν　：流体の動粘性係数 [m²/s]
　　　　a　：流体の温度伝導率 [m²/s]
　　　　β　：流体の体膨張係数 [K^{-1}]
　　　　g　：重力加速度 [m/s²]
　　　　T_w　：伝熱面の温度 [K または °C]
　　　　T_∞　：伝熱面から十分離れた点の流体温度 [K または °C]

例として，前に基礎方程式について述べた平板に沿う強制対流層流の熱伝達を考えてみる（前出の図 **3・1** 参照）．ただし，平板は一様な温度 T_w に保たれているとする．

変数を次のように無次元化する．

$$X = \frac{x}{L}, \quad Y = \frac{y}{L}, \quad U = \frac{u}{u_0}, \quad V = \frac{v}{u_0}, \quad \Theta = \frac{T - T_w}{T_0 - T_w} \quad (3・38)$$

このとき，式(**3・8**)，式(**3・9**)および式(**3・10**)はそれぞれ次のようになる．

$$\frac{\partial U}{\partial X} + \frac{\partial V}{\partial Y} = 0 \tag{3・39}$$

$$U\frac{\partial U}{\partial X} + V\frac{\partial U}{\partial Y} = \frac{\nu}{u_0 L}\frac{\partial^2 U}{\partial Y^2} \tag{3・40}$$

$$U\frac{\partial \Theta}{\partial X} + V\frac{\partial \Theta}{\partial Y} = \frac{a}{u_0 L}\frac{\partial^2 \Theta}{\partial Y^2} \tag{3・41}$$

ここに，$\nu/(u_0 L) = 1/Re$，$a/(u_0 L) = 1/(RePr)$ である．したがって，この方程式系の解，U，V および Θ は次のような変数の関係として表される．

$$U = \frac{u}{u_0} = \varphi_1(X, Y, Re) \tag{3・42}$$

$$V = \frac{v}{u_0} = \varphi_2(X, Y, Re) \tag{3・43}$$

$$\Theta = \frac{T - T_w}{T_0 - T_w} = \varphi_3(X, Y, Re, Pr) \tag{3・44}$$

式(3・42)～式(3・44)から，長さ L が異なる二つの平板に沿った流れで，両方の Re および Pr の値が同じならば，同じ X の点で $U(Y)$，$V(Y)$，$\Theta(Y)$ は両方で同じ，すなわち両方の速度分布および温度分布は相似になることがわかる．

さらに，式(3・2)と式(3・3)から，

$$q_x = \alpha_x(T_w - T_0) = -\lambda\left(\frac{\partial T}{\partial y}\right)_{y=0} = \frac{\lambda}{L}(T_w - T_0)\left(\frac{\partial \Theta}{\partial Y}\right)_{Y=0} \tag{3・45}$$

したがって，

$$\alpha_x = \frac{\lambda}{L}\left(\frac{\partial \Theta}{\partial Y}\right)_{Y=0} \tag{3・46}$$

これより，**局所ヌセルト数** Nu_x は，次のように X，Re および Pr のみの関数となる．

$$Nu_x = \frac{\alpha_x x}{\lambda} = X\left(\frac{\partial \Theta}{\partial Y}\right)_{Y=0} = F_1(X, Re, Pr) \tag{3・47}$$

いまの場合，平板表面温度は一様であるから，式(3・7)と式(3・46)を用いて，**平均ヌセルト数** Nu は，

$$Nu = \frac{\alpha L}{\lambda} = \frac{L}{\lambda}\int_0^1 \alpha_x dx = \int_0^1 \left(\frac{\partial \Theta}{\partial Y}\right)_{Y=0} dX = f_1(Re, Pr) \tag{3・48}$$

となり，Nu は Re と Pr のみの関数として表される．この関係は，平板に沿った流れに限らず，一般に強制対流の場合になりたつ．すなわち，

強制対流の場合　　$Nu = f_1(Re, Pr)$ 　　　　　　　　　　　　　　(3・49)

自然対流の例として，垂直に置かれた一様温度の加熱平板からの自然対流熱伝達を考える（3・4・2 節参照）．この場合の境界層における連続の式とエネルギー式はそれぞれ式(3・8)および式(3・10)と同じであるが，運動方程式は式(3・9)に重力と浮力の項が加わった次式になる．

$$u\frac{\partial u}{\partial x} + v\frac{\partial u}{\partial y} = g\beta(T - T_0) + \nu\frac{\partial^2 u}{\partial y^2} \qquad (3・50)$$

この式を前と同様に式(3・38)を用いて無次元化すると，

$$U\frac{\partial U}{\partial X} + V\frac{\partial U}{\partial Y} = \frac{Lg\beta(T_w - T_0)}{u_0^2}(1 - \Theta) + \frac{\nu}{u_0 L}\frac{\partial^2 U}{\partial Y^2} \qquad (3・51)$$

ここに，

$$\frac{Lg\beta(T_w - T_0)}{u_0^2} = \frac{L^3 g\beta(T_w - T_0)}{\nu^2}\left(\frac{\nu}{u_0 L}\right)^2 = \frac{Gr}{Re^2} \qquad (3・52)$$

無次元化した連続の式とエネルギー式は，それぞれ式(3・39)および式(3・41)と同じである．したがって，

$$\Theta = \psi(X, Y, Re, Pr, Gr) \qquad (3・53)$$

$$\therefore \quad Nu = f_2(Gr, Pr, Re) \qquad (3・54)$$

ただし，自然対流の場合，一般にレイノルズ数の影響は無視できる．この関係は平板の場合に限らず，一般に自然対流の場合になりたつ．すなわち，

自然対流の場合　　$Nu = f_2(Gr, Pr)$ 　　　　　　　　　　　　　　(3・55)

式(3・49)と式(3・55)の関数 f_1, f_2 の形は，流れの境界の形状や条件および層流か乱流かなどによって異なってくる．これらの関数形は相似則からは決まらない．理論的に求まる場合もあるが，多くの場合，前述のように，実験により決定している．

なお，以上に述べた無次元特性数からもわかるように，対流伝熱は流体の物性値に関

表3·1 水の物性値

圧力 P MPa	温度 T °C	密度 ρ kg/m³	定圧比熱 c_p J/(kg·K)	粘性係数 μ Pa·s	動粘性係数 ν m²/s	熱伝導率 λ W/(m·K)	温度伝導率 a m²/s	プラントル数 Pr	体膨張係数 β 1/K	表面張力 σ N/m	蒸発潜熱 Δh_v J/kg
			$\times 10^3$	$\times 10^{-3}$	$\times 10^{-6}$		$\times 10^{-6}$		$\times 10^{-3}$		$\times 10^6$
圧縮水 0.101	0	999.8	4.22	1.792	1.792	0.562	0.1333	13.44	−0.06	0.0757	
0.101	10	999.8	4.20	1.310	1.310	0.581	0.1386	9.45	+0.09	0.0743	
0.101	20	998.3	4.18	1.009	1.011	0.599	0.1435	7.05	0.20	0.0728	
0.101	30	995.7	4.18	0.800	0.804	0.615	0.1478	5.44	0.29	0.0713	
0.101	40	992.3	4.18	0.658	0.663	0.628	0.1514	4.38	0.38	0.0696	
0.101	50	988.0	4.18	0.547	0.554	0.641	0.1552	3.57	0.45	0.0680	
0.101	60	983.2	4.19	0.471	0.479	0.650	0.1580	3.03	0.54	0.0663	
0.101	70	977.7	4.19	0.407	0.416	0.659	0.1609	2.59	0.59	0.0645	
0.101	80	971.6	4.20	0.353	0.363	0.667	0.1636	2.22	0.65	0.0627	
0.101	90	965.2	4.21	0.315	0.326	0.672	0.1656	1.97	0.72	0.0609	
飽和水 0.101	100	958.1	4.22	0.2822	0.2945	0.678	0.1677	1.756	0.78	0.0589	2.257
0.199	120	942.8	4.25	0.2321	0.2461	0.683	0.1707	1.442	0.91	0.0550	2.202
0.361	140	925.9	4.29	0.1961	0.2118	0.685	0.1725	1.228	1.05	0.0509	2.144
0.618	160	907.3	4.34	0.1695	0.1869	0.682	0.1731	1.079	1.20	0.0466	2.081
1.00	180	886.9	4.41	0.1493	0.1684	0.675	0.1725	0.976	1.37	0.0422	2.013
1.55	200	864.7	4.50	0.1336	0.1545	0.663	0.1706	0.906	1.55	0.0377	1.939
2.32	220	840.4	4.61	0.1210	0.1439	0.648	0.1672	0.861	1.80	0.0331	1.856
3.35	240	813.6	4.77	0.1105	0.1358	0.629	0.1621	0.837		0.0284	1.765
4.69	260	783.9	4.98	0.1015	0.1295	0.606	0.1551	0.835		0.0237	1.662
6.42	280	750.5	5.29	0.0934	0.1245	0.578	0.1456	0.855		0.0190	1.544
8.59	300	712.2	5.76	0.0858	0.1205	0.545	0.1328	0.907		0.0144	1.406
11.29	320	666.9	6.57	0.0783	0.1174	0.506	0.1156	1.015		0.0099	1.241
14.61	340	610.2	8.23	0.0702	0.1151	0.461	0.0918	1.254		0.0056	1.031
18.68	360	527.5	14.58	0.0601	0.1140	0.412	0.0535	2.128		0.0019	0.721

表3・2 水蒸気の物性値（その1）

	圧力 P MPa	温度 T °C	密度 ρ kg/m³	定圧比熱 c_p J/(kg·K)	粘性係数 μ Pa·s	動粘性係数 ν m²/s	熱伝導率 λ W/(m·K)	温度伝導率 a m²/s	プラントル数 Pr
乾き飽和蒸気	0.101	100	0.5977	×10³ 2.028	×10⁻⁶ 12.28	×10⁻⁶ 20.54	×10⁻³ 24.79	×10⁻⁶ 20.45	1.004
	0.199	120	1.1218	2.120	12.97	11.56	26.96	11.34	1.020
	0.361	140	1.9666	2.241	13.67	6.950	29.42	6.676	1.041
	0.618	160	3.2599	2.398	14.37	4.408	32.22	4.122	1.069
	1.00	180	5.160	2.596	15.07	2.921	35.42	2.644	1.105
	1.55	200	7.864	2.843	15.78	2.006	39.10	1.749	1.147
	2.32	220	11.623	3.150	16.49	1.419	43.35	1.184	1.198
	3.35	240	16.763	3.536	17.22	1.027	48.34	0.816	1.260
	4.69	260	23.734	4.05	17.98	0.757	54.3	0.565	1.339
	6.42	280	33.194	4.77	18.80	0.566	61.8	0.3907	1.450
	8.59	300	46.19	5.86	19.74	0.427	71.8	0.2651	1.612
	11.29	320	64.40	7.72	20.89	0.3234	86.3	0.1731	1.868
	14.61	340	92.76	12.21	22.52	0.2428	111.8	0.0988	2.46
	18.68	360	144.10	25.12	25.56	0.1773	176.8	0.0488	3.63
過熱蒸気	0.101	150	0.5213	×10³ 1.987	×10⁻⁶ 14.19	×10⁻⁶ 27.22	×10⁻³ 28.8	×10⁻⁶ 27.8	0.979
	0.101	200	0.4646	1.979	16.18	34.82	33.4	36.3	0.960
	0.101	250	0.4194	1.990	18.22	43.44	38.3	45.9	0.947
	0.101	300	0.3755	2.010	20.29	54.03	43.5	57.6	0.938
	0.101	350	0.3515	2.037	22.37	63.64	49.0	68.4	0.930
	1.0	200	4.857	×10³ 2.446	×10⁻⁶ 15.93	×10⁻⁶ 3.281	×10⁻³ 36.1	×10⁻⁶ 3.04	1.081
	1.0	250	4.297	2.236	18.07	4.206	39.7	4.13	1.017
	1.0	300	3.876	2.145	20.20	5.211	44.5	5.35	0.974
	1.0	350	3.541	2.118	22.32	6.303	49.8	6.64	0.949
	1.0	400	3.263	2.120	24.42	7.486	55.4	8.01	0.934

表3・3 水蒸気の物性値（その2）

圧力 P MPa	温度 T ℃	密度 ρ kg/m³	定圧比熱 c_p J/(kg·K)	粘性係数 μ Pa·s	動粘性係数 ν m²/s	熱伝導率 λ W/(m·K)	温度伝導率 a m²/s	プラントル数 Pr
			$\times 10^3$	$\times 10^{-6}$	$\times 10^{-6}$	$\times 10^{-3}$	$\times 10^{-6}$	
5.0	300	22.08	3.234	19.86	0.8998	53.0	0.743	1.211
5.0	350	19.25	2.681	22.16	1.151	55.2	1.071	1.073
5.0	400	17.30	2.441	24.38	1.409	59.5	1.409	1.000
5.0	450	15.81	2.345	26.55	1.679	64.8	1.748	0.960
5.0	500	14.60	2.310	28.67	1.964	70.6	2.094	0.938
			$\times 10^3$	$\times 10^{-6}$	$\times 10^{-6}$	$\times 10^{-3}$	$\times 10^{-6}$	
10.0	350	44.60	4.103	22.18	0.4974	68.6	0.377	1.313
10.0	400	37.86	3.086	24.49	0.6467	67.3	0.576	1.123
10.0	450	33.62	2.718	26.72	0.7948	70.6	0.773	1.028
10.0	500	30.53	2.547	28.90	0.9466	75.3	0.969	0.977
10.0	550	28.09	2.474	31.01	1.104	80.8	1.163	0.949
			$\times 10^3$	$\times 10^{-6}$	$\times 10^{-6}$	$\times 10^{-3}$	$\times 10^{-6}$	
15.0	350	87.26	8.540	22.91	0.2626	104.2	0.1398	1.878
15.0	400	63.86	4.168	24.91	0.3901	80.0	0.301	1.298
15.0	450	54.20	3.237	27.10	0.5001	78.5	0.448	1.114
15.0	500	48.08	2.854	29.27	0.6086	81.4	0.593	1.026
15.0	550	43.65	2.678	31.39	0.7190	85.9	0.735	0.978
			$\times 10^3$	$\times 10^{-6}$	$\times 10^{-6}$	$\times 10^{-3}$	$\times 10^{-6}$	
20.0	400	100.53	6.476	25.96	0.2583	103.4	0.1588	1.626
20.0	450	78.68	3.967	27.77	0.3529	89.8	0.289	1.219
20.0	500	67.70	3.238	29.82	0.4405	89.1	0.407	1.083
20.0	550	60.42	2.922	31.89	0.5277	91.9	0.521	1.012
20.0	600	55.07	2.758	33.9	0.616	96.2	0.633	0.972

過熱蒸気

表3・4 常圧 (0.101 MPa) の空気の物性値

温度 T °C	密度 ρ kg/m³	定圧比熱 c_p J/(kg·K) ×10³	粘性係数 μ Pa·s ×10⁻⁶	動粘性係数 ν m²/s ×10⁻⁶	熱伝導率 λ W/(m·K) ×10⁻³	温度伝導率 a m²/s ×10⁻⁶	プラントル数 Pr
0	1.292	1.006	17.24	13.34	24.21	18.61	0.717
20	1.204	1.007	18.23	15.14	25.72	21.24	0.713
40	1.127	1.008	19.19	17.03	27.20	23.98	0.710
60	1.059	1.009	20.13	19.01	28.65	26.84	0.708
80	0.9991	1.010	21.04	21.06	30.06	29.82	0.706
100	0.9469	1.012	21.94	23.17	31.45	32.90	0.705
120	0.8972	1.014	22.81	25.42	32.81	36.09	0.704
140	0.8537	1.016	23.65	27.70	34.15	39.37	0.704
160	0.8155	1.019	24.48	30.02	35.46	42.75	0.703
180	0.7783	1.022	25.29	32.49	36.76	46.21	0.703
200	0.7454	1.026	26.09	35.00	38.03	49.76	0.703
220	0.7151	1.029	26.87	37.58	39.28	53.39	0.704
240	0.6872	1.033	27.64	40.22	40.53	57.09	0.705
260	0.6615	1.037	28.39	42.92	41.75	60.86	0.705
280	0.6375	1.042	29.13	45.69	42.96	64.70	0.706
300	0.6153	1.046	29.86	48.53	44.15	68.62	0.707
350	0.5659	1.058	31.63	55.89	47.07	78.74	0.710
400	0.5239	1.070	33.35	63.66	49.94	89.23	0.713
450	0.4877	1.082	35.00	71.77	52.75	100.1	0.717
500	0.4561	1.093	36.62	80.29	55.52	111.4	0.721
600	0.4039	1.116	39.70	98.29	60.93	135.4	0.726
700	0.3624	1.137	42.65	117.7	66.22	161.0	0.731
800	0.3286	1.155	45.47	138.4	71.42	188.3	0.735
1000	0.2770	1.185	50.81	183.4	81.61	248.7	0.737
1200	0.2394	1.209	55.82	233.2	91.62	316.7	0.736

係している．代表的な流体である水，水蒸気および空気の物性値の数値を表 3·1 ～表 3·4 に示す．

3·3 強制対流熱伝達

3·3·1 境界層と熱伝達

固体壁と接して流体が流れているときには，固体壁面上に境界層が形成される．この境界層と熱伝達の関係について，平板に沿った流れを例にとって，以下に考えてみる．

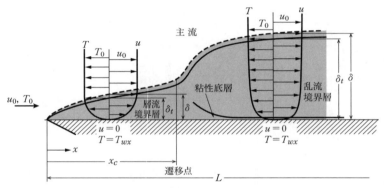

図 3·7 平板に沿った流れの境界層

図 3·7 に示すように，一様な速度 u_0 の流れに平行に平板が置かれている場合，粘性のために速度が u_0 よりも小さくなる層が平板の近傍に形成される．この層を**境界層**（**速度境界層**，velocity boundary layer）という．境界層外の流れの主要部は**主流**という．速度境界層内で速度は壁面におけるゼロから主流の速度 u_0 まで連続的に変わっている．この境界層の厚さは平板の前縁（$x=0$）ではゼロであり，平板に沿って次第に厚くなる（これを境界層が発達するという）．境界層内の流れは，初めは層流であるが，ある距離 x_c だけ進んだところで，平板に接した極めて薄い層（**粘性底層**）を除いて，乱流になる．この遷移が生じる臨界レイノルズ数 Re_c は，主流の乱れの程度や前縁の形などによって異なるが，一般に，

$$Re_c = \frac{u_0 x_c}{\nu} \simeq 5\times 10^5 \tag{3・56}$$

程度である．

速度境界層の厚さ δ は，

層流境界層では， $\dfrac{\delta}{x} \sim Re_x^{-0.5}$ (3・57)

乱流境界層では， $\dfrac{\delta}{x} \sim Re_x^{-0.2}$ (3・58)

の関係に従って変化する．ここに，$Re_x = u_0 x/\nu$．

流体の主流の温度 T_0 と平板表面の温度 T_{wx} との間に差があって熱伝達が生じている場合には，温度が T_0 から T_{wx} まで連続的に変わっている層が平板近傍に存在する．これを**温度境界層**（thermal boundary layer）と呼ぶ．この層も速度境界層と同様に前縁（熱伝達開始点）から平板に沿って発達する．

層流境界層の場合，温度境界層の厚さ δ_t と速度境界層の厚さ δ の間には次の式(**3・59**)の関係があり，プラントル数 $Pr = 1$ のとき $\delta_t = \delta$ であるが，$Pr > 1$ では $\delta_t < \delta$，$Pr < 1$ では $\delta_t > \delta$ である．

$$\frac{\delta_t}{\delta} \sim Pr^{-1/3} \tag{3・59}$$

上述のように温度境界層内で温度が T_0 から T_{wx} に変化しているということは，固体壁と流体との間の熱伝達の抵抗は温度境界層に存在するということであり，温度境界層が厚いほど熱抵抗が大きくなる．すなわち，層流境界層の場合には，局所熱伝達率 α_x は，

$$\frac{1}{\alpha_x} \sim \delta_t \tag{3・60}$$

したがって，式(**3・60**)および式(**3・57**)と式(**3・59**)から，

$$\frac{1}{\alpha_x x} \sim Re_x^{-0.5} Pr^{-1/3} \tag{3・61}$$

乱流境界層の場合には，境界層内の乱れの程度が熱伝達に大きい影響を及ぼすために，$1/\alpha_x$ が δ_t に比例するという単純な関係にはならない．この場合には，乱れがない粘性底層がその熱抵抗の大部分を占めるので，この層の厚さがとくに問題となる．

対流伝熱の促進

 以上のことから，対流伝熱を促進するためには，境界層（乱流の場合にはとくに粘性底層）をできるだけ薄くするように工夫すればよいことがわかる．このためには，流速を大きくする，乱れを大きくする（流速を大きくすれば一般に乱れは大きくなるが，そのほかに，面に凹凸を付けることなどによって乱れを促進する），あるいは伝熱面を流れ方向に小さく分割して境界層の発達を妨げるなどの方法がある（**2・3・5**節参照）．

3・3・2　平板に沿った流れ

 上で述べたような平板に沿った流れにおける局所熱伝達率 α_x および平均熱伝達率 α は，それぞれ次式で定義される．

$$\alpha_x = \frac{q_x}{T_{wx} - T_0} \quad [\mathrm{W/(m^2 \cdot K)}] \tag{3・62}$$

$$\alpha = \frac{q_x}{T_w - T_0} \quad [\mathrm{W/(m^2 \cdot K)}] \tag{3・63}$$

ここに，T_w：平板表面の平均温度 [K または °C]

 これらの熱伝達率は以下の予測式から算出できる．ただし，これらの式において，

$$Re_x = \frac{u_0 x}{\nu}, \quad Re = \frac{u_0 L}{\nu}, \quad Re_c = \frac{u_0 x_c}{\nu} \tag{3・64}$$

であり，L は平板の長さ [m] である．また，**物性値は次の膜温度** T_{fx} または T_f における値を用いる．

$$T_{fx} = \frac{T_0 + T_{wx}}{2}, \quad T_f = \frac{T_0 + T_w}{2} \tag{3・65}$$

（1）層流境界層の場合

 平板表面の温度が一様のとき，

$$Nu_x = \frac{\alpha_x x}{\lambda} = 0.332\, Re_x^{0.5}\, Pr^{1/3} \tag{3・66}$$

$$Nu = \frac{\alpha L}{\lambda} = 0.664\, Re^{0.5}\, Pr^{1/3} \tag{3・67}$$

 平板表面の熱流束が一様のとき，

$$Nu_x = \frac{\alpha_x x}{\lambda} = 0.458\, Re_x^{0.5}\, Pr^{1/3} \tag{3・68}$$

(2) 乱流境界層の場合

$$Nu_x = \frac{\alpha_x x}{\lambda} = 0.0296\, Re_x^{0.8}\, Pr^{1/3} \tag{3・69}$$

$$Nu = \frac{\alpha L}{\lambda} = 0.037\, Re^{0.8}\, Pr^{1/3} \tag{3・70}$$

ただし，平均熱伝達率は，平板上の全域で乱流境界層になっているとみなせる場合のものである．

(3) 層流境界層と乱流境界層が共存している場合

この場合の平均熱伝達率は，平板表面の温度が一様のとき，次式から算出できる．

$$Nu = \frac{\alpha L}{\lambda} = [0.664\, Re_c^{0.5} + 0.037(Re^{0.8} - Re_c^{0.8})]\, Pr^{1/3} \tag{3・71}$$

〔例題 3・3〕

長さ 200 mm，幅 100 mm の平面に沿って，温度 20 °C の常圧の空気が 8.0 m/s の速度で流れている．平面の温度が一様に 100°C に保たれているとき，この面からの伝熱量を求めよ．

〔解〕

$$T_f = \frac{T_0 + T_w}{2} = \frac{20 + 100}{2} = 60°\mathrm{C}$$

60°C における常圧の空気の物性値は，表 3・4 から，

$$\nu = 19.01 \times 10^{-6}\, \mathrm{m^2/s}, \quad \lambda = 0.02865\, \mathrm{W/(m \cdot K)}, \quad Pr = 0.708$$

$$Re = \frac{u_0 L}{\nu} = \frac{8.0 \times 0.200}{19.01 \times 10^{-6}} = 8.42 \times 10^4$$

したがって，平面上の全域で層流境界層とみなしてよい．

式(3・67)から，

$$\alpha = 0.664 \frac{\lambda}{L} Re^{0.5} Pr^{1/3} = 0.664 \times \frac{0.02865}{0.200} \times (8.42 \times 10^4)^{0.5} \times 0.708^{1/3}$$

$$= 24.6 \text{ W/(m}^2 \cdot \text{K)}$$

$$\therefore Q = \alpha(T_w - T_0)LB = 24.6 \times (100 - 20) \times 0.200 \times 0.100 = 39.4 \text{ W}$$

〔例題 3・4〕

内部で一様に熱を発生している長さと幅がともに 100 mm の薄い金属平板がある．この平板の一面は断熱されており，他面はそれに沿って流れる常圧の空気によって冷却されている．冷却面における熱流束は一様である．平板内の発熱量が 26.0 W，空気の温度が 20°C，速度が 15.0 m/s のとき，平板の最高温度はいくらになるか．

〔解〕

薄い金属平板であるから，厚さ方向には均一な温度になっていると考えてよい．したがって，冷却面の最高温度を求めればよい．平板全面で層流境界層のままであるならば，平板の後縁（$x = L$）で局所熱伝達率は最小になるので，ここで平板温度は最高になる．したがって，$x = L$ における局所熱伝達率を求め，これよりその点の平板温度を求めればよい．いま，この温度を $T_{wL} = 100°\text{C}$ と仮定する．

$$T_{fL} = \frac{T_0 + T_{wL}}{2} = \frac{20 + 100}{2} = 60°\text{C}$$

したがって，用いるべき空気の物性値は例題 3・3 と同じ値である．

$$Re_L = \frac{u_0 L}{\nu} = \frac{15.0 \times 0.100}{19.01 \times 10^{-6}} = 7.89 \times 10^4 \quad \therefore \quad \text{全面で層流境界層}$$

式 (3・68) から，

$$\alpha_L = 0.458 \frac{\lambda}{L} Re_L^{0.5} Pr^{1/3} = 0.458 \times \frac{0.02865}{0.100} \times (7.89 \times 10^4)^{0.5} \times 0.708^{1/3}$$

$$= 32.9 \text{ W/(m}^2 \cdot \text{K)}$$

$$q_L = q = \frac{Q}{LB} = \frac{26.0}{0.100^2} = 2.60 \times 10^3 \text{ W/m}^2$$

$$\therefore T_{wL} = T_0 + \frac{q_L}{\alpha_L} = 20 + \frac{2.60 \times 10^3}{32.9} = 99°\text{C}$$

このとき，$T_{fL} = 59.5°\text{C}$．この温度における空気の物性値は初めに用いた 60°C にお

ける値と変わらないので，繰り返し計算の必要はなく，上の T_{wL} の値が求める値である．

注：もし平板上の途中で層流境界層から乱流境界層に遷移していると，局所熱伝達率は必ずしも平板の後縁で最小にならない．この場合には，層流境界層の式から求めた遷移点（$x = x_c$）における局所熱伝達率 α_{xc} と乱流境界層の式から求めた後縁（$x = L$）における局所熱伝達率 α_L のうちの小さいほうが最小の熱伝達率である．

〔例題 **3・5**〕

一様に 70°C の温度に保たれた長さ 100 cm，幅 40 cm の平板に沿って，0.101 MPa，10°C の空気が 28 m/s で流れているとき，平板の一面からの対流による放熱量を求めよ．ただし，観測の結果，前縁から 32 cm のところで境界層は層流から乱流に遷移していることがわかっている．

〔**解**〕

$$T_f = \frac{T_0 + T_w}{2} = \frac{10 + 70}{2} = 40°C$$

40°C，0.101 MPa の空気の物性値は，表 **3・4** から，

$$\nu = 17.03 \times 10^{-6} \text{ m}^2/\text{s}, \quad \lambda = 0.02720 \text{ W/(m·K)}, \quad Pr = 0.710$$

$$Re_c = \frac{u_0 x_c}{\nu} = \frac{28 \times 0.32}{17.03 \times 10^{-6}} = 5.26 \times 10^5$$

$$Re = \frac{u_0 L}{\nu} = \frac{28 \times 1.00}{17.03 \times 10^{-6}} = 1.64 \times 10^6$$

式(**3・71**)から，

$$Nu = [0.664(5.26 \times 10^5)^{0.5} + 0.037\{(1.64 \times 10^6)^{0.8} - (5.26 \times 10^5)^{0.8}\}] \times 0.710^{1/3}$$
$$= 2.28 \times 10^3$$

$$\therefore \quad \alpha = \frac{\lambda}{L} Nu = \frac{0.02720}{1.00} \times 2.28 \times 10^3 = 62 \text{ W/(m}^2\text{·K)}$$

$$\therefore \quad Q = \alpha(T_w - T_0)LB = 62 \times (70 - 10) \times 1.00 \times 0.40$$
$$= 1.49 \times 10^3 \text{ W} = 1.49 \text{ kW}$$

3·3·3 円柱のまわりの流れ（管外流）

（1） 流れに直角に置かれた1個の円柱（円管外面）

図3·8 に示すような円柱まわりの流れでは，主流の速度 u_∞ は近寄り速度 u_0 と等しくなく，円柱の周方向に変化する．圧力も周方向に変わるために，速度が極めて小さい場合を除いて，一般に円柱の後ろ側で境界層がはく離し，後流（wake）が生じる．したがって，局所熱伝達率は周方向に複雑に変化する．

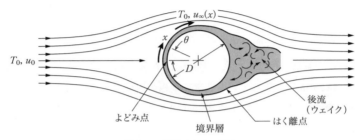

図3·8 円柱まわりの流れ

この場合の全周にわたる平均熱伝達率 α は，次式で算出される[1]．

$$Nu = \frac{\alpha D}{\lambda} = C Re^n Pr^{0.37} \left(\frac{Pr}{Pr_w}\right)^{0.25} \tag{3·72}$$

ここに，

$$Re = \frac{u_0 D}{\nu} \tag{3·73}$$

D ：円柱（管外面）の直径 [m]

Pr_w：円柱表面の温度におけるプラントル数

Pr_w 以外の物性値は主流温度（近寄り温度と同じ）T_0 における値を用いる．係数 C と指数 n はレイノルズ数によって異なり，その値は表3·5 に示すとおりである．

表3·5 式(3·72)の係数と指数の値

Re	C	n
$1 \sim 40$	0.75	0.4
$40 \sim 1 \times 10^3$	0.51	0.5
$1 \times 10^3 \sim 2 \times 10^5$	0.26	0.6
$2 \times 10^5 \sim 1 \times 10^6$	0.076	0.7

（2） 流れに直角に置かれた円管群

管群は通常図3·9 に示す碁盤目配列か千鳥配列の方式で配列される．

この場合の管群全体の平均熱伝達率 α は次式で算出される[1]．

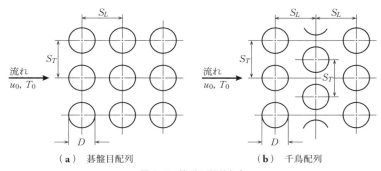

図 3·9 管群の配列方式

表 3·6 式(3·74)の係数と指数の値

配列	Re	C	n
碁盤目	$1 \times 10^3 \sim 2 \times 10^5$	0.27	0.63
千鳥 $S_T/S_L < 2$	$1 \times 10^3 \sim 2 \times 10^5$	$0.35(S_T/S_L)^{0.2}$	0.60
千鳥 $S_T/S_L > 2$	$1 \times 10^3 \sim 2 \times 10^5$	0.40	0.60
碁盤目	$2 \times 10^5 \sim 2 \times 10^6$	0.021	0.84
千鳥	$2 \times 10^5 \sim 2 \times 10^6$	0.022	0.84

$$Nu = \frac{\alpha D}{\lambda} = CRe^n \, Pr^{0.36} \left(\frac{Pr}{Pr_w}\right)^{0.25} \tag{3·74}$$

ここに，Pr_w は管外面の温度におけるプラントル数，その他の物性値は近寄り温度 T_0 における値を用いる．係数 C と n の値は表 **3·6** に示すとおりである．レイノルズ数の代表速度としては最大速度 $u_{\max}$ を用いる．すなわち，

$$Re = \frac{u_{\max} D}{\nu} \tag{3·75}$$

碁盤目配列の場合には，

$$u_{\max} = \frac{S_T}{S_T - D} u_0 \quad [\text{m/s}] \tag{3·76}$$

千鳥配列の場合には，式(**3·76**)と次の式(**3·77**)で求まる $u_{\max}$ のうちの大きいほうの値が用いるべき $u_{\max}$ である．

$$u_{\max} = \frac{S_T}{2(S-D)} u_0 \quad [\text{m/s}] \tag{3·77}$$

ここに，

$$S = \left[S_L^2 + \left(\frac{S_T}{2}\right)^2\right]^{1/2} \quad [\text{m}] \tag{3・78}$$

式 (3・74) で求めた平均熱伝達率を用いて式 (3・4) から伝熱量 Q を算出する際には，温度差 $T_w - T_b$ の T_b には，近寄り温度 T_0 ではなく，流体の平均温度を用いないといけない．この流体平均温度は，近似的には管群の入口と出口における流体温度の算術平均でもよいが，厳密には，温度差 $T_w - T_b$ として次式で表される対数平均温度差（6・3 節参照）を用いるのが正しい．

$$T_w - T_b = \frac{T_e - T_0}{\ln \dfrac{T_w - T_0}{T_w - T_e}} \quad [\text{K または °C}] \tag{3・79}$$

ここに，T_e：管群出口における流体の平均温度 [K または °C]

〔例題 3・6〕

40 m/s の速さで流れている 0.101 MPa，40°C の空気中に，流れに直角に直径 50 mm の円柱が置かれている．円柱の表面温度は 160°C に保たれている．円柱単位長さあたりの損失熱量を求めよ．

〔解〕

0.101 MPa，40°C の空気の物性値は，表 3・4 から，

$$\nu = 17.03 \times 10^{-6} \text{ m}^2/\text{s}, \quad \lambda = 0.02720 \text{ W/(m·K)}, \quad Pr = 0.710$$

160°C の空気では，表 3・4 から，$Pr_w = 0.703$

$$Re = \frac{u_0 D}{\nu} = \frac{40 \times 0.050}{17.03 \times 10^{-6}} = 1.17 \times 10^5$$

表 3・5 から，$C = 0.26$, $n = 0.6$

式 (3・72) から，

$$\alpha = 0.26 \times \frac{0.02720}{0.050} \times (1.17 \times 10^5)^{0.6} \times 0.710^{0.37} \times \left(\frac{0.710}{0.703}\right)^{0.25}$$

$$= 137 \text{ W/(m}^2\text{·K)}$$

$$\therefore \frac{Q}{L} = \alpha(T_w - T_0)\pi D = 137 \times (160 - 40) \times \pi \times 0.050$$

$$= 2.6 \times 10^3 \text{ W/m} = 2.6 \text{ kW/m}$$

3・3・4 管内流

（1） 助走区間と十分発達した流れ

流体が一様な速度で円管に流入すると，図**3・10（a）**に示すように，管内面上に形成される速度境界層が管長に沿って次第に発達し，ついにはその境界層が管中心にまで達して，管断面全域が境界層とみなされるようになる．このようになる点より下流では，速度分布の形は一定になる．そのような速度分布を**十分発達した速度分布**といい，そのようになっている流れを**速度分布が十分発達した流れ**という．また，十分発達した流れになるまでの区間を**速度助走区間**という．

管内の熱伝達（加熱または冷却）開始点は必ずしも管入口と一致してはいない．熱伝達開始点では流体は管断面で一様な温度であるが，図**3・10（b）**に示すように，下流に進むにつれて管内面上に温度境界層が発達し，ついには温度境界層が管中心にまで達するようになると，それ以後の温度分布は相似形に保たれる．そのような温度分布を**十分発達した温度分布**，そのようになっている流れを**温度分布が十分発達した流れ**，そのような流れになるまでの区間を**温度助走区間**という．局所熱伝達率 α_x は，熱伝達開始点では無限大であるが，温度助走区間で管長に沿って次第に減少し，温度分布が十分発達した流れになると一定になる．

なお，流体の物性値（液体の場合はとくに粘性係数）が温度によって変わる場合には，一応十分発達したとみなされる流れになっても，速度分布と温度分布は管長に沿って同一あるいは相似な形にはならず，したがって局所熱伝達率も変化することになる．

（2） 流体の混合平均温度

管内流における局所熱伝達率 α_x および平均熱伝達率 α は，それぞれ次式で定義される．

$$\alpha_x = \frac{q_x}{T_{wx} - T_{bx}} \quad [\mathrm{W/(m^2 \cdot K)}] \tag{3・80}$$

$$\alpha = \frac{q}{T_w - T_b} \quad [\mathrm{W/(m^2 \cdot K)}] \tag{3・81}$$

ここに，T_{wx} および T_{bx} は管長に沿った点 x における管内面温度および管断面での流体の平均温度，$T_w - T_b$ は管内面と流体との管全長にわたる平均の温度差である．

管内を流れている流体の温度は半径方向にも長さ方向にも変化している．熱伝達開始

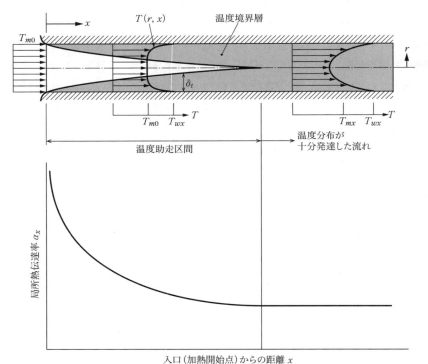

(a) 速度境界層

(b) 温度境界層と局所熱伝達率

図 3・10 円管内の境界層の発達と局所熱伝達率

点から任意の距離 x の点における管断面の流体平均温度 T_{bx} としては，次式で定義される**混合平均温度**（mixed mean temperature）T_{mx} を用いる．

$$T_{mx} = \frac{\int_A \rho c_p u T dA}{\int_A \rho c_p u dA} = \frac{\int_0^R \rho c_p u T r dr}{\int_0^R \rho c_p u r dr} \quad [\text{K または}^\circ\text{C}] \tag{3·82}$$

ここに，

$\quad T$：流体の温度 [K または °C]
$\quad u$：流体の速度 [m/s]
$\quad \rho$：流体の密度 [kg/m^3]
$\quad c_p$：流体の定圧比熱 [J/(kg·K)]
$\quad A$：管内断面積 [m^2]
$\quad R$：管の内半径 [m]
$\quad r$：管中心からの半径方向の距離 [m]

ρ, c_p が一定の場合には，

$$T_{mx} = \frac{\int_A u T dA}{u_m A} = \frac{2\int_0^R u T r dr}{u_m R^2} \quad [\text{K または °C}] \tag{3·83}$$

ここに，u_m：管断面平均速度 [m/s]

混合平均温度とは，物理的には，いま考えている x の点における管の横断面で，仮にその断面全体の流体を取り出して完全に混合したときの温度である．混合平均温度は，熱伝達開始点からその点 x までの熱収支からも求めることができる．

$$T_{mx} = T_{m0} + \frac{Q_x}{c_p W} \quad [\text{K または}^\circ\text{C}] \tag{3·84}$$

ここに，

$\quad T_{m0}$：管入口（熱伝達開始点）における流体の混合平均温度 [K または °C]
$\quad Q_x$　：管入口（熱伝達開始点）からその点 x までの流体への伝熱量 [W]
$\quad W$　：質量流量 [kg/s]

長さ L の加熱（または冷却）管の平均熱伝達率を考える場合には，式(3·81)における管内面と流体との平均温度差 $T_w - T_b$ として，次式で算出される対数平均温度差

(**6･3**節参照) $T_w - T_m$ を用いる．

$$T_w - T_m = \frac{(T_{w0} - T_{m0}) - (T_{wL} - T_{mL})}{\ln \dfrac{T_{w0} - T_{m0}}{T_{wL} - T_{mL}}} \tag{3･85}$$

ここに，

T_{w0}：管入口（熱伝達開始点）における管内面温度 [K または °C]

T_{wL}：管出口（熱伝達終了点）における管内面温度 [K または °C]

T_{mL}：管出口（熱伝達終了点）における流体の混合平均温度 [K または °C]

ただし，近似的には，T_w として T_{w0} と T_{wL} の，T_m として T_{m0} と T_{mL} のそれぞれ算術平均値を用いてよい．とくに，$0.5 < (T_{w0} - T_{m0})/(T_{wL} - T_{mL}) < 2$ の場合には，この近似による誤差は小さい．

（3） 熱伝達率の予測式

まず，流れが層流であるか，乱流であるかを推定する．

$$\left. \begin{array}{l} Re = \dfrac{u_m D}{\nu} < 約 2300 \; : \; 層流 \\[6pt] Re > 約 2300 \qquad\quad : \; 乱流 \end{array} \right\} \tag{3･86}$$

ここに，D：管の内径 [m]

なお，以下の式において，レイノルズ数 Re は，

$$Re = \frac{u_m D}{\nu} \tag{3･87}$$

である．

（ⅰ） 層流熱伝達

管内面における熱流束が一様の場合，熱伝達開始点から距離 x の点における局所熱伝達率 α_x は，次式で算出される[2]．

$$Nu_x = \frac{\alpha_x D}{\lambda} = 5.36 \left[1 + \left(\frac{70.0 \, x/D}{Re Pr} \right)^{-1.11} \right]^{0.3} - 1.0 \tag{3･88}$$

管内面の温度が一様の場合，長さ L の加熱（または冷却）管の平均熱伝達率 α は，次式で算出される[2]．

$L^* < 0.03$ の場合 　　$Nu = \dfrac{\alpha D}{\lambda} = \dfrac{1.615}{L^{*1/3}} - 0.2$ 　　　　　　　(3・89)

$L^* \geq 0.03$ の場合 　　$Nu = \dfrac{\alpha D}{\lambda} = 3.66 + \dfrac{0.0499}{L^*}$ 　　　　(3・90)

ここに，

$$L^* = \dfrac{L/D}{RePr} \tag{3・91}$$

式(3・88)～式(3・91)において，物性値は流体平均温度における値を用いる．ただし，たとえば油のように物性値（とくに粘性係数）の温度依存性が大きい液体では，式(3・88)または式(3・89)あるいは式(3・90)から算出した Nu_x または Nu を Nu_C として，次式の補正を行う[3]．

$$Nu_x \text{ または } Nu = Nu_C \left(\dfrac{\mu}{\mu_w} \right)^{0.14} \tag{3・92}$$

ここに，μ および μ_w：流体平均温度および管内面温度における粘性係数［Pa·s］

(ii) 乱流熱伝達

乱流の場合には，温度助走区間が短いので，とくに短い管の場合以外は，これを無視して計算してよい．この場合，流体の物性値が変わらなければ，局所熱伝達率は管長に沿って一定になり，したがって平均熱伝達率も同じ値になる．物性値変化がとくに大きくはない流体の管内乱流の局所熱伝達率 α_x と平均熱伝達率 α は，$L/D \geq 10$ の場合，次式で算出できる[4]．

$$Nu_x = \dfrac{\alpha_x D}{\lambda} = Nu = \dfrac{\alpha D}{\lambda} = 0.023 Re^{0.8} Pr^{0.4} \tag{3・93}$$

ただし，物性値は流体平均温度における値を用いる．

(4) 非円形断面流路の場合

非円形断面の流路の場合には，円管の直径 D の代わりに次式で定義される等価直径 De を用いれば，円管の場合の式を近似的に適用することができる．

$$De = \dfrac{4 \times (\text{流路断面積})}{(\text{ぬれぶち長さ})} \tag{3・94}$$

〔例題 3・7 ＊〕

内面で一様な熱流束になるように加熱されている円管内を，物性値一定の流体が，層流でしかも十分発達した状態で流れている．このときの半径方向温度分布，局所熱伝達率および局所ヌセルト数を求めよ．ただし，この場合の速度分布は，次式で表されることがわかっている．

$$u = 2u_m\left(1 - \frac{r^2}{R^2}\right) \tag{1}$$

ここに，R：管の内半径 [m]，u_m：流体の管断面平均速度 [m/s]

〔解〕

例題 3・2 の図 3・6 と同じ座標系を考える．

局所熱伝達率 α_x は，

$$\alpha_x = \frac{q}{T_{wx} - T_{mx}} \tag{2}$$

で定義されるが，十分発達した温度分布の場合には，α_x は管軸方向の座標 x に無関係な一定値をとる．したがって，

$$\frac{q}{T_{wx} - T_{mx}} = \text{const.} \tag{3}$$

十分発達した温度分布とは，温度分布が x 方向に相似な形を保つとき，すなわち

$$\frac{\partial}{\partial x}\left(\frac{T_{wx} - T}{T_{wx} - T_{mx}}\right) = 0 \tag{4}$$

になっているときである．

管内面で熱流束が一様であるから，

$$\frac{\partial q}{\partial x} = 0 \tag{5}$$

式(3)，式(4)，式(5)から，

$$\frac{\partial T}{\partial x} = \frac{dT_{wx}}{dx} = \frac{dT_{mx}}{dx} \tag{6}$$

ところで，いまの場合のエネルギー式は式(3・32)で与えられる．

$$u\frac{\partial T}{\partial x} = a\frac{1}{r}\frac{\partial}{\partial r}\left(r\frac{\partial T}{\partial r}\right) \tag{7}$$

境界条件は，

$$r = 0 \quad ; \quad \frac{\partial T}{\partial r} = 0 \tag{8}$$

$$r = R \quad ; \quad T = T_{wx} \tag{9}$$

式(**7**)に式(**1**)と式(**6**)を代入して，整理すると，

$$\frac{\partial}{\partial r}\left(r\frac{\partial T}{\partial r}\right) = \frac{2u_m\left(\dfrac{dT_{mx}}{dx}\right)}{a} r\left(1 - \frac{r^2}{R^2}\right)$$

この式を r について積分すると，

$$r\frac{\partial T}{\partial r} = \frac{u_m\left(\dfrac{dT_{mx}}{dx}\right)}{a} r^2\left(1 - \frac{r^2}{2R^2}\right) + C_1$$

式(**8**)の条件から，$C_1 = 0$

$$\therefore \quad \frac{\partial T}{\partial r} = \frac{u_m\left(\dfrac{dT_{mx}}{dx}\right)}{a} r\left(1 - \frac{r^2}{2R^2}\right) \tag{10}$$

式(**10**)をさらに積分すると，

$$T = \frac{u_m\left(\dfrac{dT_{mx}}{dx}\right)}{2a} r^2\left(1 - \frac{r^2}{4R^2}\right) + C_2$$

式(**9**)の条件から，$C_2 = T_{wx} - \dfrac{3u_m\left(\dfrac{dT_{mx}}{dx}\right)}{8a} R^2$

$$\therefore \quad T_{wx} - T = \frac{u_m\left(\dfrac{dT_{mx}}{dx}\right)}{8aR^2}(3R^4 - 4R^2 r^2 + r^4) \tag{11}$$

流体の混合平均温度は，式(**3・83**)から，

$$T_{mx} = \frac{2\int_0^R uTr\,dr}{u_m R^2}$$

で与えられるので，

$$T_{wx}-T_{mx}=\frac{2\int_0^R(T_{wx}-T)urdr}{u_m R^2}$$

この式に式(1)と式(11)を代入すると，

$$T_{wx}-T_{mx}=\frac{u_m\left(\dfrac{dT_{mx}}{dx}\right)}{2aR^6}\int_0^R(3R^6 r-7R^4 r^3+5R^2 r^5-r^7)dr$$

$$\therefore\quad T_{wx}-T_{mx}=\frac{11}{48}\frac{u_m\left(\dfrac{dT_{mx}}{dx}\right)}{a}R^2 \tag{12}$$

式(11)と式(12)から $u_m\left(\dfrac{dT_{mx}}{dx}\right)/a$ を消去すると，

$$\frac{T_{wx}-T}{T_{wx}-T_{mx}}=\frac{6}{11}\left[3-4\left(\frac{r}{R}\right)^2+\left(\frac{r}{R}\right)^4\right] \tag{13}$$

あるいは，管中心（$r=0$）における流体温度を T_{cx} とすれば，式(13)から，

$$\frac{T_{wx}-T_{cx}}{T_{wx}-T_{mx}}=\frac{18}{11}$$

この式と式(13)から，

$$\frac{T_{wx}-T}{T_{wx}-T_{cx}}=1-\frac{4}{3}\left(\frac{r}{R}\right)^2+\frac{1}{3}\left(\frac{r}{R}\right)^4 \tag{14}$$

式(13)あるいは式(14)が求める温度分布である．

管内面における熱流束は，

$$q=\lambda\left(\frac{\partial T}{\partial r}\right)_{r=R}$$

この式に式(13)を代入して，整理すると，

$$q=\frac{24}{11}\frac{\lambda}{R}(T_{wx}-T_{mx}) \tag{15}$$

式(2)と式(15)から，局所熱伝達率 α_x は次のようになる．

$$a_x = \frac{24}{11} \frac{\lambda}{R} \tag{16}$$

したがって，局所ヌセルト数 Nu_x は，

$$Nu_x = \frac{a_x D}{\lambda} = \frac{2a_x R}{\lambda} = \frac{48}{11} = 4.36 \tag{17}$$

注：式(3·88)で $x \to \infty$ のとき，$Nu_x = 4.36$ となり，上の理論解と一致する．なお，管内面温度が一様の場合には，十分発達した状態で $Nu_x = 3.66$ となる．

〔例題3·8〕
内径 50 mm の円管内を次の流体が流れている場合の熱伝達率をそれぞれ求めよ．
（1） 圧力 0.101 MPa，温度 60°C，速度 2.0 m/s の水
（2） 圧力 1.0 MPa，温度 300°C，速度 20 m/s の水蒸気
（3） 圧力 0.101 MPa，温度 60°C，速度 20 m/s の空気

〔解〕
（1） 0.101 MPa，60°C の水の物性値は，表3·1 から，

$$\nu = 0.479 \times 10^{-6}\,\text{m}^2/\text{s},\ \lambda = 0.650\,\text{W/(m·K)},\ Pr = 3.03$$

$$Re = \frac{u_m D}{\nu} = \frac{2.0 \times 0.050}{0.479 \times 10^{-6}} = 2.09 \times 10^5 \quad \therefore\ 乱流$$

式(3·93)から，

$$\alpha = 0.023 \frac{\lambda}{D} Re^{0.8} Pr^{0.4} = 0.023 \times \frac{0.650}{0.050} \times (2.09 \times 10^5)^{0.8} \times 3.03^{0.4}$$

$$= 8.4 \times 10^3\,\text{W/(m}^2\text{·K)}$$

（2） 1.0 MPa，300°C の水蒸気の物性値は，表3·2 から，

$$\nu = 5.211 \times 10^{-6}\,\text{m}^2/\text{s},\ \lambda = 0.0445\,\text{W/(m·K)},\ Pr = 0.974$$

$$Re = \frac{20 \times 0.050}{5.211 \times 10^{-6}} = 1.92 \times 10^5 \quad \therefore\ 乱流$$

$$\alpha = 0.023 \times \frac{0.0445}{0.050} \times (1.92 \times 10^5)^{0.8} \times 0.974^{0.4}$$

$$= 3.4 \times 10^2\,\text{W/(m}^2\text{·K)}$$

(3) 0.101 MPa, 60°C の空気の物性値は, 表 **3・4** から,

$$\nu = 19.01 \times 10^{-6} \text{ m}^2/\text{s}, \quad \lambda = 0.02865 \text{ W/(m·K)}, \quad Pr = 0.708$$

$$Re = \frac{20 \times 0.050}{19.01 \times 10^{-6}} = 5.26 \times 10^4 \quad \therefore \text{ 乱流}$$

$$\alpha = 0.023 \times \frac{0.02865}{0.050} \times (5.26 \times 10^4)^{0.8} \times 0.708^{0.4} = 69 \text{ W/(m}^2\text{·K)}$$

注：この例題から, 流体（水, 水蒸気, 空気）の違いによる熱伝達の良し悪しの程度を理解せよ.

〔例題 **3・9**〕

内径 40 mm, 外径 44 mm, 長さ 10 m の円管内に, 温度 65°C, 圧力 0.101 MPa の空気が毎秒 0.0140 kg 流入している. 管入口から出口までの空気の温度降下を 10°C 以下にするためには, 管の外側に最低どれだけの厚さの保温材を施せばよいか. ただし, 管材および保温材の熱伝導率はそれぞれ 46 W/(m·K) および 0.050 W/(m·K), 外気の温度は 20°C, 保温材外面における熱伝達率は 9.0 W/(m²·K) とする.

〔解〕

管内空気と外気との間の平均温度差として, 式 (**3·85**) と同様な対数平均温度差（**6·3**節参照）を用いる.

$$T_{b1} - T_{b2} = \frac{(65-20)-(55-20)}{\ln \dfrac{65-20}{55-20}} = 39.8°\text{C}$$

$$\therefore \quad T_{b1} = 39.8 + 20 = 59.8°\text{C} \fallingdotseq 60°\text{C}$$

60°C（圧力は 0.101 MPa）における空気の物性値は, 表 **3・4** から,

$$c_p = 1009 \text{ J/(kg·K)}, \quad \mu = 20.13 \times 10^{-6} \text{ Pa·s}, \quad \lambda = 0.02865 \text{ W/(m·K)}$$

$$Pr = 0.708$$

損失熱量 Q は,

$$Q = W c_p (T_{m0} - T_{mL}) \leq 0.0140 \times 1009 \times 10 = 141 \text{ W}$$

管内における熱伝達率 α_1 を求める.

$$Re = \frac{u_m D_i}{\nu} = \frac{4W}{\pi D_i \mu} = \frac{4 \times 0.0140}{\pi \times 0.040 \times 20.13 \times 10^{-6}} = 2.21 \times 10^4 \quad \therefore \text{乱流}$$

式(**3·93**)から,

$$\alpha_1 = 0.023 \frac{\lambda}{D_i} Re^{0.8} Pr^{0.4} = 0.023 \times \frac{0.02865}{0.040} \times (2.21 \times 10^4)^{0.8} \times 0.708^{0.4}$$

$$= 42.9 \text{ W/(m}^2 \cdot \text{K)}$$

管内の空気から外気への伝熱量 Q は,式(**2·67**)から,

$$Q = \frac{2\pi(T_{b1} - T_{b2})L}{\dfrac{1}{\alpha_1 R_i} + \dfrac{1}{\lambda_1}\ln\dfrac{R_1}{R_i} + \dfrac{1}{\lambda_2}\ln\dfrac{R_o}{R_1} + \dfrac{1}{\alpha_2 R_o}}$$

これが上の損失熱量と等しいので,

$$Q = \frac{2\pi \times 39.8 \times 10}{\dfrac{1}{42.9 \times 0.020} + \dfrac{1}{46}\ln\dfrac{0.022}{0.020} + \dfrac{1}{0.050}\ln\dfrac{R_o}{0.022} + \dfrac{1}{9.0 R_o}} \leq 141$$

$$\therefore \quad \frac{2500}{1.165 + 0.002 + 20\ln x + 5.05 x^{-1}} \leq 141 \quad \text{ただし,} \quad x = \frac{R_o}{0.022}$$

この式を整理して,

$$x \geq \exp\left(0.828 - \frac{0.253}{x}\right)$$

この式の等号の場合について,繰り返し計算(逐次近似法)で解く.

x(仮定)	x(右辺から算出)
3	2.10
2.10	2.03
2.03	2.02
2.02	2.02

$\therefore \quad x = \dfrac{R_o}{0.022} \geq 2.02$

$R_o \geq 0.044$ m

$\delta = R_o - R_1 \geq 0.044 - 0.022 = 0.022$ m $= 22$ mm

したがって，保温材の最低厚さは 22 mm．

注：管内空気の出入口の算術平均温度と外気温度との差は 40°C であるので，いまの場合，平均温度差としてこの値を用いても誤差は小さい．

〔例題 3·10〕

管形空気予熱器がある．管群は管間隔が気流の方向および気流に直角方向ともに 120 mm の碁盤目配列になっており，管列数は気流方向に 8 列である．管の外径は 60 mm，内径は 56 mm で，管外を流れる燃焼ガスの近寄り速度は 2.80 m/s，近寄り温度は 300°C，燃焼ガスの管群における平均温度は 270°C で，燃焼ガスは空気と同じ物性をもつものとする．管内を平均温度 70°C の空気が 10.0 m/s で流れるとき，1 本の管の単位長さあたりに伝わる平均の熱量を求めよ．ただし，燃焼ガスも空気も圧力はともに 0.101 MPa であり，放射の影響は無視する．

〔解〕

まず，燃焼ガスと管外面の間の平均熱伝達率を求める．

燃焼ガスは空気と同じ物性をもつと仮定しているので，0.101 MPa，300°C の燃焼ガス（空気）の物性値は，表 3·4 から，

$$\nu = 48.53 \times 10^{-6} \text{ m}^2/\text{s}, \quad \lambda = 0.04415 \text{ W}/(\text{m} \cdot \text{K}), \quad Pr = 0.707$$

管外面温度を $T_w = 170°C$ と仮定する．この温度の空気では，表 3·4 から，

$$Pr_w = 0.703$$

式 (3·76) から，

$$u_{\max} = \frac{120}{120 - 60} \times 2.80 = 5.60 \text{ m/s}$$

式 (3·75) から，

$$Re = \frac{u_{\max} D_o}{\nu} = \frac{5.60 \times 0.060}{48.53 \times 10^{-6}} = 6.92 \times 10^3$$

表 3·6 から，$C = 0.27$，$n = 0.63$

式 (3·74) から，

$$\alpha_2 = 0.27 \times \frac{0.04415}{0.060} \times (6.92 \times 10^3)^{0.63} \times 0.707^{0.36} \times \left(\frac{0.707}{0.703}\right)^{0.25}$$

$$= 46.1 \text{ W}/(\text{m}^2 \cdot \text{K})$$

次に，空気と管内面の間の平均熱伝達率を求める．
0.101 MPa，70°C の空気の物性値は，表 **3・4** から，
$$\nu = 20.04 \times 10^{-6} \text{ m}^2/\text{s}, \quad \lambda = 0.02936 \text{ W/(m·K)}, \quad Pr = 0.707$$
$$Re = \frac{u_m D_i}{\nu} = \frac{10.0 \times 0.056}{20.04 \times 10^{-6}} = 2.79 \times 10^4 \quad \therefore \text{乱流}$$

式(**3・93**)から，
$$\alpha_1 = 0.023 \times \frac{0.02936}{0.056} \times (2.79 \times 10^4)^{0.8} \times 0.707^{0.4} = 37.8 \text{ W/(m}^2\text{·K)}$$

管壁内の熱伝導の抵抗は，両表面における対流の熱抵抗に比べて非常に小さいので無視する（管壁内の熱抵抗 $\simeq \delta/\lambda = 0.002/50 = 0.00004$ m^2·K/W $\ll 1/\alpha_2 = 0.0217$ m^2·K/W）．

管単位長さあたりの燃焼ガスから空気への平均伝熱量は，式(**2・58**)から，
$$\frac{Q}{L} = \frac{\pi(T_{b2} - T_{b1})}{\dfrac{1}{\alpha_1 D_i} + \dfrac{1}{\alpha_2 D_o}} = \frac{\pi(270 - 70)}{\dfrac{1}{37.8 \times 0.056} + \dfrac{1}{46.1 \times 0.060}} = 7.5 \times 10^2 \text{ W/m}$$

なお，$Q = \alpha_2(T_{b2} - T_w)\pi D_o L$ だから，
$$T_w = T_{b2} - \frac{Q/L}{\pi D_o \alpha_2} = 270 - \frac{7.5 \times 10^2}{\pi \times 0.060 \times 46.1} = 184°C$$

この温度におけるプラントル数 Pr_w の値は，はじめに仮定した $T_w = 170$°C における $Pr_w = 0.703$ と変わらない（表 **3・4** 参照）．したがって，以上の計算でよい．

〔例題 **3・11**〕

温度 19.0°C の油を温度 35.0°C にするために，内径 22.0 mm の加熱円管内を流す．油の流量が 0.082 kg/s のとき，必要な管の長さを，次の二つの場合について求めよ．ただし，温度 $(19.0 + 35.0)/2 = 27$°C における油の物性値は，次のとおりである．
$$\mu = 0.0102 \text{ Pa·s}, \quad c_p = 1.88 \text{ kJ/(kg·K)}, \quad \lambda = 0.144 \text{ W/(m·K)}$$
（**1**）管内面における熱流束が一様に 4.2 kW/m^2 である場合．
（**2**）管内面温度が一様に 100°C である場合．ただし，100°C における油の粘性係数は $\mu_w = 0.00205$ Pa·s とする．

〔解〕
(**1**)の場合：

管全長における熱収支から，
$$Q = q\pi DL = Wc_p(T_{mL} - T_{m0})$$
$$\therefore\ L = \frac{Wc_p(T_{mL} - T_{m0})}{\pi Dq} = \frac{0.082 \times 1.88 \times 10^3 \times (35.0 - 19.0)}{\pi \times 0.0220 \times 4.2 \times 10^3} = 8.5\text{ m}$$

(**2**)の場合：

管全長における熱収支から，
$$Q = \alpha(T_w - T_m)\pi DL = Wc_p(T_{mL} - T_{m0})$$
$$Wc_p(T_{mL} - T_{m0}) = 0.082 \times 1.88 \times 10^3 \times (35.0 - 19.0) = 2.47 \times 10^3\text{ W}$$
$$\therefore\ \alpha(T_w - T_m)\pi DL = 2.47 \times 10^3 \tag{1}$$

次に，管内の熱伝達率を求める．

$$Pr = \frac{\nu}{a} = \frac{c_p\mu}{\lambda} = \frac{1.88 \times 10^3 \times 0.0102}{0.144} = 133$$

$$Re = \frac{u_m D}{\nu} = \frac{4W}{\pi D\mu} = \frac{4 \times 0.082}{\pi \times 0.0220 \times 0.0102} = 465 \quad \therefore\ 層流$$

$$L^* = \frac{L/D}{RePr} = \frac{L}{0.0220 \times 465 \times 133} = \frac{L}{1361}$$

一応，$L^* < 0.03$ として，式(**3·89**)を用いる．この式と式(**3·92**)から，

$$\alpha = \frac{\lambda}{D}\left(\frac{1.615}{L^{*1/3}} - 0.2\right)\left(\frac{\mu}{\mu_w}\right)^{0.14}$$
$$= \frac{0.144}{0.0220}\left(\frac{1.615 \times 1361^{1/3}}{L^{1/3}} - 0.2\right)\left(\frac{0.0102}{0.00205}\right)^{0.14}$$
$$= \frac{147}{L^{1/3}} - 1.6 \tag{2}$$

一方，式(**3·85**)から，

$$T_w - T_m = \frac{T_{mL} - T_{m0}}{\ln\dfrac{T_w - T_{m0}}{T_w - T_{mL}}} = \frac{35.0 - 19.0}{\ln\dfrac{100 - 19.0}{100 - 35.0}} = 72.7\text{°C} \tag{3}$$

注：用いるべき流体平均温度は $T_m = 100 - 72.7 = 27.3$°C であるが，算術平均温度

27°C との差は非常に小さい．したがって，いまの場合，上のように 27°C における物性値を用いてよい．

式(**2**)と式(**3**)を式(**1**)に代入して，

$$72.7 \times \pi \times 0.0220\,(147L^{-1/3}-1.6)L = 2.47 \times 10^3$$

$$\therefore\ L = \frac{492}{147L^{-1/3}-1.6} \tag{4}$$

式(**4**)を繰り返し計算（逐次近似法）で解く．

L（仮定）	L（右辺から算出）
10	7.4
7.4	6.7
6.7	6.4
6.4	6.3
6.3	6.3

$$\therefore\ L = 6.3\ \text{m}$$

なお，$L^* = 6.3/1361 = 0.0046 < 0.03$ である．したがって，式(**3·89**)を用いた上の計算でよい．

3·4　自然対流熱伝達

3·4·1　自然対流

前節で述べた場合のような外部からの強制力による流動ではなく，流体内の温度分布による密度分布があって，その密度差に基づく**体積力**（body force）によって流動が生じる場合を**自然対流**または**自由対流**という．

固体面の温度が流体温度よりも高い場合，固体面近傍の流体は加熱されて，固体面から離れた周囲の流体よりも密度が小さくなるので，そこに浮力が生じる．この浮力によってその部分の流体が上向きに流れ，対流が生じる．固体面の温度が流体温度よりも低くて，流体が冷却される場合には，固体面近傍の流体の密度は周囲の流体の密度よりも大きくなるので，その部分の流体は重力によって下向きに流れて対流が生じる（正確にいうと，固体面近傍の流体にはたらく体積力は，浮力と重力の差であり，浮力のほう

が大きければ上向きに，重力のほうが大きければ下向きに流れる）．

なお，このように密度に比例する体積力は重力場だけでなく，たとえば遠心力場のような力の場でも生じる．

3・4・2 垂直平板の場合

垂直に置かれた加熱平板の場合，図 3・11 に示すように，平板の下端から境界層が発達する．境界層内の速度 u および温度 T は，図に示したような分布になる．この境界層は初めは層流であるが，下端からある高さの点 x_C で乱流に遷移する．この遷移が生じる臨界グラスホフ数 Gr_c とプラントル数の積の値は，一般に，

$$Gr_c \cdot Pr = \frac{x_c^3 g\beta(T_w - T_\infty)}{\nu^2} \cdot Pr \simeq 10^9 \quad (3\cdot95)$$

程度である．

平板の表面温度が一様である場合の平均熱伝達率 α は，次式から算出される[5]．

$$Nu = \frac{\alpha L}{\lambda} = \left[0.825 + \frac{0.387(Gr \cdot Pr)^{1/6}}{\{1+(0.492/Pr)^{9/16}\}^{8/27}}\right]^2 \quad (3\cdot96)$$

ここに，

$$Gr = \frac{L^3 g\beta(T_w - T_\infty)}{\nu^2} \quad (3\cdot97)$$

T_w ：平板表面の温度 [K または °C]

T_∞ ：平板から離れたところの周囲流体の温度 [K または °C]

L ：平板の高さ [m]

g ：重力加速度 [m/s²]

Pr ：流体のプラントル数

ν ：流体の動粘性係数 [m²/s]

λ ：流体の熱伝導率 [W/(m·K)]

β ：流体の体膨張係数（気体では $\beta = 1/T_\infty$，ただし T_∞ は絶対温度 [K]）[K⁻¹]

式 (3・96) と式 (3・97) において，体膨張係数以

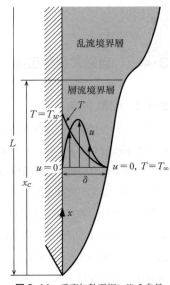

図 3・11 垂直加熱平板に沿う自然対流の境界層

外の物性値は，膜温度 $T_f = (T_w + T_\infty)/2$ における値を用いる．

平板表面で熱流束 q [W/m²] が一様である場合の局所熱伝達率 α_x は，次式から算出される[6]．

$$Nu_x = \frac{\alpha_x x}{\lambda} = 0.631 \left(\frac{Pr^2}{Pr + 0.9\sqrt{Pr} + 0.4}\right)^{1/5} \left(\frac{x^4 g\beta q}{\nu^2 \lambda}\right)^{1/5} \tag{3·98}$$

式(3·98)中の物性値は，気体の場合には，温度 $T = T_w - 0.38(T_w - T_\infty)$ における値，液体の場合には，温度 $T = T_w - 0.25(T_w - T_\infty)$ における値を用いる．

〔例題 3·12〕

高さ 100 cm，幅 20 cm で，表面温度が一様に 70°C の垂直な平面壁がある．静止した周囲の空気の温度は 10°C，圧力は常圧である．壁からの放熱量を求めよ．

〔解〕

$$T_f = \frac{T_w + T_\infty}{2} = \frac{70 + 10}{2} = 40°C$$

40°C における常圧の空気の物性値は，表 3·4 から，

$$\nu = 17.03 \times 10^{-6} \text{ m/s}, \quad \lambda = 0.02720 \text{ W/(m·K)}, \quad Pr = 0.710$$

$$\beta = \frac{1}{T_\infty + 273} = \frac{1}{283} = 0.00353 \text{ K}^{-1}$$

$$Gr = \frac{L^3 g\beta(T_w - T_\infty)}{\nu^2} = \frac{1.00^3 \times 9.807 \times 0.00353 \times (70-10)}{(17.03 \times 10^{-6})^2} = 7.16 \times 10^9$$

$$GrPr = 7.16 \times 10^9 \times 0.710 = 5.08 \times 10^9$$

式(3·96)から，

$$\alpha = \frac{0.02720}{1.00}\left[0.825 + \frac{0.387 \times (5.08 \times 10^9)^{1/6}}{\{1 + (0.492/0.710)^{9/16}\}^{8/27}}\right]^2 = 5.54 \text{ W/(m}^2\text{K)}$$

$$\therefore Q = \alpha(T_w - T_\infty)LB$$
$$= 5.54 \times (70 - 10) \times 1.00 \times 0.20$$
$$= 66 \text{ W}$$

3·4·3 水平平板の場合

水平に置かれた短辺の長さが L [m] の長方形の平板で，板の周辺が図 3·12 のよう

に開放されていて,流体が自由に出入りできる場合の平均熱伝達率 α は,次式で算出される[7,8].

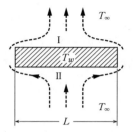

図3·12 水平平板における自然対流

(1) 図3·12のIの側

$10^4 < Gr \cdot Pr < 10^7$ の場合:

$$Nu = \frac{\alpha L}{\lambda} = 0.54(Gr \cdot Pr)^{1/4} \tag{3·99}$$

$10^7 < Gr \cdot Pr < 10^{11}$ の場合:

$$Nu = \frac{\alpha L}{\lambda} = 0.15(Gr \cdot Pr)^{1/3} \tag{3·100}$$

(2) 図3·12のIIの側

$10^5 < Gr \cdot Pr < 10^{10}$ の場合:

$$Nu = \frac{\alpha L}{\lambda} = 0.27(Gr \cdot Pr)^{1/4} \tag{3·101}$$

ここに,Gr は式(3·97)で表され,物性値は膜温度 $T_f = (T_w + T_\infty)/2$ における値を用いる.

3·4·4 垂直円柱の場合

垂直に置かれた高さ L [m] の円柱に沿った自然対流に関しては,円柱の直径 D [m] がとくに小さくない限り,すなわち,

$$\frac{D}{L} \geq \frac{35}{Gr^{1/4}} \tag{3·102}$$

のとき,表面の曲率を無視して,垂直平板の場合の式(3·96)または式(3·98)を適用す

ることができる[9]. 式(3・102)において, Gr は式(3・97)のグラスホフ数である.

3・4・5 水平円柱の場合

水平に置かれた直径 D [m] の円柱まわりの自然対流の平均熱伝達率 α は, 次式から算出できる[10].

$$Nu = \frac{\alpha D}{\lambda} = C(Gr_D \cdot Pr)^n \tag{3・103}$$

ここに,

$$Gr_D = \frac{D^3 g \beta (T_w - T_\infty)}{\nu^2} \tag{3・104}$$

係数 C と指数 n の値を表 3・7 に示す. 物性値は膜温度 $T_f = (T_w + T_\infty)/2$ における値を用いる.

表 3・7 式(3・103)の係数と指数の値

$Gr_D Pr$	C	n
$10^{-10} \sim 10^{-2}$	0.675	0.058
$10^{-2} \sim 10^{2}$	1.02	0.148
$10^{2} \sim 10^{4}$	0.850	0.188
$10^{4} \sim 10^{7}$	0.480	0.250
$10^{7} \sim 10^{12}$	0.125	0.333

〔例題 3・13〕

外径 76 mm, 外面温度 150°C の円管が, 温度 10°C, 圧力 0.101 MPa の空気中に水平に置かれている. この場合の平均熱伝達率を求めよ.

〔解〕

$$T_f = \frac{T_w + T_\infty}{2} = 80°C$$

0.101 MPa, 80°C の空気の物性値は, 表 3・4 から,

$$\nu = 21.06 \times 10^{-6} \text{ m}^2/\text{s}, \quad \lambda = 0.03006 \text{ W/(m·K)}, \quad Pr = 0.706,$$

$$\beta = \frac{1}{T_\infty + 273} = \frac{1}{283} = 0.00353 \text{ K}^{-1}$$

$$Gr_D = \frac{D^3 g \beta (T_w - T_\infty)}{\nu^2} = \frac{0.076^3 \times 9.807 \times 0.00353 \times (150 - 10)}{(21.06 \times 10^{-6})^2}$$

$$= 4.80 \times 10^6$$

$$Gr_D Pr = 4.80 \times 10^6 \times 0.706 = 3.39 \times 10^6$$

表 3・7 から, $C = 0.480$, $n = 0.250$

式(3・103)から,

$$\alpha = 0.480 \frac{\lambda}{D}(Gr\,Pr)^{0.250} = 0.480 \times \frac{0.03006}{0.076} \times (3.39 \times 10^6)^{0.250}$$
$$= 8.1 \text{ W/(m}^2\cdot\text{K)}$$

3章 演習問題

3・1 金属壁を介して，一方側に水，他方側に空気が流れており，両者の間で熱交換を行っている．この熱交換を促進するために，どちらか一方の面にフィンを取り付けることにする．通常の条件の場合，水側と空気側のどちらの面にフィンを取り付ければよいか．理由を付して答えよ．

3・2 ある一定の高い温度に一様に保たれた平板の表面に沿って，低温の空気が層流境界層を形成して流れている．このときの平板表面と空気との間の局所熱伝達率と平均熱伝達率はそれぞれ式(**3・66**)と式(**3・67**)で表される．この場合について，次の問いに答えよ．ただし，放射の影響は無視できるものとする．

（1）式(**3・67**)を式(**3・66**)から導け．

（2）他の条件は変わらずに，平板表面と空気の主流との間の温度差が1/2倍になると，平板から空気への伝熱量は何倍になるか．ただし，空気の物性値は一定とする．

（3）他の条件は変わらずに，空気の主流の速度が1/2倍になると，平板から空気への伝熱量は何倍になるか．

（4）他の条件は変わらずに，平板の長さ（空気の流れ方向の平板の寸法）が1/2倍になると，平板から空気への伝熱量は何倍になるか．

3・3 内部で発熱している長さ 200 mm の平板を，この平板に沿って流れる温度 20°C の空気によって冷却している．空気への熱流束は平板表面で一様に 2400 W/m² である．この平板表面の温度を 120°C 以下にするためには，空気の流速 [m/s] をいくらにすればよいか．

3・4 熱伝導率 52 W/(m·K) の金属でつくられた直径 2.0 cm，長さ 13.0 cm の丸棒がある．棒の側面（円周面）は外部と完全に断熱されており，棒の一方の端面からは 1.70 W の熱量が棒に流入し，他方の端面は面に沿って流れる 21°C の空気によって冷却されている．熱が流入している端面の温度を 80°C 以下に保つためには，流す空気の速度 [m/s] をいくらにすればよいか．ただし，棒の端面と空気との間の熱伝達率

α [W/(m²·K)] は次式で表されるものとする.
$$\alpha = 33.0\, u^{0.5}$$
ここに，u は空気の速度 [m/s] である．

3·5 空気の一様な流れの中に，流れを横切って正方形断面の加熱された角棒を一つの面が流れに垂直になるように置き，この角棒から空気への対流伝熱の実験を行った．正方形の一辺の長さが 50 mm の角棒で，空気の近寄り温度を一定にして，近寄り速度を 15 m/s と 20 m/s の二つの場合について平均熱伝達率を測定したところ，それぞれ 74 W/(m²·K) と 90 W/(m²·K) であった．この場合の平均熱伝達率は，代表寸法に正方形の一辺の長さを用い，物性値は近寄り温度における値を用いて，次の無次元式で表されると仮定する．
$$Nu = C Re^m Pr^n$$
ここに，C, m, n は定数である．次の二つの場合の平均熱伝達率はそれぞれいくらになると考えられるか．ただし，いずれの場合も空気の近寄り温度および角棒の置き方は実験と同じである．

（1） 正方形の一辺が 100 mm の角棒で，近寄り速度が 20 m/s の場合．
（2） 正方形の一辺が 60 mm の角棒で，近寄り速度が 10 m/s の場合．

3·6 加熱円管内を流れているある流体の温度分布が次式で表される.
$$\frac{T_w - T}{T_w - T_m} = 4\left(\frac{y}{R}\right) - 2\left(\frac{y}{R}\right)^2$$
ここに，T は管内面から管中心に向かっての任意の距離 y における流体の温度，T_w は管内面温度，T_m は流体の混合平均温度，R は管の半径である．このときのヌセルト数を求めよ．ただし，ヌセルト数の代表寸法には管の直径を用い，熱伝達率は管内面温度と流体混合平均温度との差で定義する．

3·7 速度 u の分布が
$$u = \frac{3}{2} u_m \left(1 - \frac{y^2}{b^2}\right)$$
で与えられる間隔 $2b$ の平行二平板間の十分発達した層流を考える．平板表面の温度 T_w が流れ方向の距離 x とともに直線的に変化しているとき（ただし，同じ x の点で両平板の表面温度は等しい），流体の温度分布は任意の距離 x の点で，

$$\frac{T_w - T}{T_w - T_c} = 1 - \frac{6}{5}\left(\frac{y}{b}\right)^2 + \frac{1}{5}\left(\frac{y}{b}\right)^4$$

になることを示せ．また，このときのヌセルト数 $Nu = \alpha \cdot 2b/\lambda$ は一定値をとる．この値を求めよ．ただし，T は任意の点の流体温度，T_c は流路中心での流体温度，u_m は平均速度，y は流路中心から壁に向って測った距離（x に垂直），α は平板表面温度と流体混合平均温度との差で定義される熱伝達率，λ は流体の熱伝導率である．

3·8 大気圧の空気を 33°C から 23°C まで冷却するために，大気圧の氷と水の混合物が入っている槽内に設置した1本の銅管内にこの空気を流すことにした．管の内径は 41 mm，空気の流量は管入口で 0.0205 m^3/s である．必要な管の長さを求めよ．ただし，管外側および管壁内の熱抵抗は，管内側の熱抵抗に比べて，極めて小さいので無視する．

3·9 夏の晴天の昼間における駐車中の自動車の屋根を考える．大気は 30°C で無風状態であるとする．屋根は，太陽からの日射量（屋根に入射する屋根の単位面積あたりの太陽エネルギー）916 W/m^2 のうち，その 45% を吸収するとともに，自然対流により大気へ放熱する．このとき，屋根の温度は何 °C になっていると推定されるか．屋根を 1.5 m × 1.0 m の長方形水平平板とみなして算定せよ．ただし，屋根の裏側は完全に断熱されていると仮定する．また，屋根から周囲への放射伝熱は無視する（**5 章の演習問題 5·10 参照**）．

3·10 20°C の静止大気中に水平に配置された外径 80 mm の鋼管内を 1 気圧の飽和水蒸気が流れている．管からの熱損失を減らすために，管外周に厚さ 60 mm，熱伝導率 0.14 W/(m·K) の保温材を施すことにする．管内側および管壁内の熱抵抗は無視できるとして，管の単位長さあたりの損失熱量を求めよ．

4 相変化を伴う熱伝達

4·1 相変化と伝熱

物質に相変化を行わせるためには，その潜熱に相当した熱量を付加あるいは除去してやらねばならない．したがって，相変化の速度（たとえば，1時間で氷がどれだけ解けるかとか，1分間で水がどれだけ蒸発するかなど）は，相変化をしつつある物質における伝熱速度（単位時間あたりの伝熱量）によって支配される．

ここでは，いろいろな相変化のうち，工業上とくに重要である沸騰と凝縮を取り上げ，これらの現象に伴う熱伝達を考える．沸騰熱伝達は各種のボイラや蒸気発生器，蒸発器などで，また，凝縮熱伝達は各種の凝縮器や復水器などでそれぞれ利用されているが，小さい温度差で大きい熱量を伝えることができるので，これらの利用にとどまらず，高熱流束の加熱や冷却に広く適用されている．

4·2 沸騰熱伝達

4·2·1 沸騰の現象とその分類

加熱面およびその近傍の液体の温度が液体の圧力に対応する飽和温度よりも高く，そこで液体の蒸発によって多数の蒸気泡（vapor bubble）が発生する現象を**沸騰**（boiling）といい，その際，加熱面から液体に熱が伝えられる現象を**沸騰熱伝達**（boiling heat transfer）という．沸騰は一般に次のように大別される．

(1) 流動形式による分類

(i) **プール沸騰**（pool boiling）

静止液体中に加熱面が存在している場合の沸騰である．液体は自然対流および気泡の成長と離脱によってのみ運動する．

(ii) **流動沸騰**（flow boiling）

ポンプなどによる強制力，あるいは循環ループにおける自然循環力で流動している液体の沸騰である．**外部流動沸騰**と**管内流沸騰**とがある．

(2) 液体温度による分類

(i) **飽和沸騰**（saturated boiling）

バルク液体（加熱面近傍の液体を除く大部分の液体）の温度が飽和温度の場合の沸騰である．

(ii) **サブクール沸騰**（subcooled boiling）

バルク液体の温度が飽和温度よりも低い場合の沸騰である．このとき，飽和温度とバルク液体温度との差を**サブクール度**（degree of subcooling）という．

4・2・2 プール沸騰熱伝達

(1) 沸騰様式と伝熱特性

沸騰が生じている伝熱面の熱流束 q を**伝熱面過熱度**（伝熱面温度と液体の飽和温度との差，degree of superheat）ΔT_s に対して表した曲線を**沸騰特性曲線**（boiling characteristic curve）あるいは単に**沸騰曲線**（boiling curve）という．図 4・1 に示したその典型的な例によって，伝熱面の温度，したがって伝熱面過熱度を次第に大きくしていく場合に現れるプール沸騰の各様式とその伝熱特性を以下に概説する．

図 4・1 の AB 部分は非沸騰の液体単相自然対流であり，伝熱面温度が飽和温度よりもいくぶん高いある温度の点 B に達すると，伝熱面上で気泡が発生し始める．この点を**沸騰開始**（onset of nucleate boiling，ONB）**点**という．

BD の部分は**核沸騰**（nucleate boiling）と呼ばれる沸騰様式の領域であり，伝熱面上の**発泡点**（nucleation site）から気泡が発生する．液体温度が飽和温度近くであれば，発生した気泡は伝熱面上で成長した後，伝熱面から離脱するが，液体温度が飽和温度よりも十分低い場合には，発生した気泡はある大きさまで成長した後，その場で崩壊してしまう．核沸騰では，このような気泡によって，熱伝達が著しく増進される．伝熱面過

熱度の増加とともに発泡点の数は急速に多くなるので，伝熱面過熱度がわずか増加すると，熱伝達率が急激に大きくなり，熱流束が大幅に増大するのが，この核沸騰熱伝達の特徴である．

このように良好な伝熱特性を持つ核沸騰は，**極大熱流束**（maximum heat flux）**点**またはバーンアウト（burnout）**点**あるいは**限界熱流束**（critical heat flux）**点**と呼ばれる点Dで終了する．点Dを超えて伝熱面過熱度を大きくすると，熱伝達率が小さくなり，熱流束は低下するという特異な性質を示す**遷移沸騰**（transition boiling）と呼ばれる沸騰様式になる．さらに，**極小熱流束**（minimum heat flux）**点**またはライデンフロスト（Leidenfrost）**点**と呼ばれる点E以上の伝熱面過熱度では，伝熱面は連続的な蒸気膜で覆われて，液体が伝熱面と直接接触することはなく，気泡は蒸気膜と液体との界面から発生し離脱する**膜沸騰**（film boiling）と呼ばれる沸騰様式になる．

なお，電気加熱のような熱流束制御形の加熱方式では，DEの遷移沸騰の領域は定常的には実現不可能であり，核沸騰域で熱流束を上げて点Dに達すると，伝熱面温度は膜沸騰域の点Fの温度までジャンプする．一方，膜沸騰域でこの加熱方式によって熱流束を下げてくると，点Eに達した後，核沸騰域の点Cにジャンプする．

プール沸騰熱伝達に及ぼす諸因子の影響を図**4・2**に示す．気泡が発生するためには，まずその核が存在していなければならない．ある有限の大きさの過熱度で核沸騰が生じ

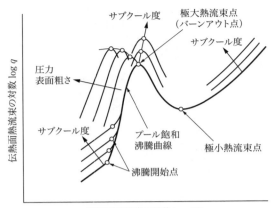

図 4·2 プール沸騰熱伝達に及ぼす諸因子の影響

るためには，ある値以上の半径の**気泡核**（nucleus）が必要である．伝熱面過熱度が大きくなるほど，有効となる気泡核の半径の下限値が小さくなるので，発泡点の数は多くなる．通常用いられている伝熱面は理想的な鏡面ではなく，そこには種々の微小なかき傷やくぼみ〔これらを**キャビティ**（cavity）と総称する〕が存在しており，核沸騰においては，このキャビティから気泡が発生する．このとき，キャビティ内に捕そくされている気体が気泡核としてはたらく．沸騰開始時には，キャビティ内に付着している空気などの気体が有効な気泡核となりうるが，これらは最初の気泡の離脱によって運び去られる．気泡の成長と離脱ごとに蒸気の一部がキャビティ内に残され，これが有効な気泡核としてはたらくことによって，核沸騰が継続して生じることになる．伝熱面の表面性状によって，有効な気泡核を提供するキャビティの分布が異なるので，気泡発生ひいては核沸騰熱伝達が大きい影響を受ける．図 4·2 に示すように，一般に，平滑面よりも粗面のほうがキャビティが多く存在するので，核沸騰の熱伝達率は大きくなる．また，圧力が高くなると，同一伝熱面過熱度でより小さい径のキャビティまでもが有効なものになって発泡点の数が増加するので，熱伝達はよくなる．液体がサブクールされていても，発泡点数は変わらないので，十分発達した核沸騰域では熱流束も変化しない．

（2） 核沸騰の熱伝達率

　通常利用されているプール沸騰熱伝達は，大部分の場合が核沸騰である．飽和核沸騰

の熱伝達率を予測するための式が数多く提案されているが，適用範囲と精度の点で，確信をもって推奨できる式はまだない．ここでは，代表的なものとして，次の二つの式を示しておく．

Kutateladze の式[1]：

$$\frac{\alpha D_L}{\lambda_l} = 7.0 \times 10^{-4} Pr_l^{0.35} \left(\frac{qD_L}{\rho_v \Delta h_v \nu_l}\right)^{0.7} \left(\frac{PD_L}{\sigma}\right)^{0.7} \qquad (4 \cdot 1)$$

ここに，

$$D_L = \sqrt{\frac{\sigma}{g(\rho_l - \rho_v)}} \qquad (4 \cdot 2)$$

冷媒に関する Stephan‑Abdelsalam の式[2]：

$$\frac{\alpha D_b}{\lambda_l} = 207 Pr_l^{0.533} \left(\frac{qD_b}{\lambda_l T_s}\right)^{0.745} \left(\frac{\rho_v}{\rho_l}\right)^{0.581} \qquad (4 \cdot 3)$$

ここに，

$$D_b = 0.51 \sqrt{\frac{2\sigma}{g(\rho_l - \rho_v)}} \qquad (4 \cdot 4)$$

これらの式において

- α ：熱伝達率 [W/(m²·K)]
- q ：伝熱面熱流束 [W/m²]
- P ：圧力 [Pa]
- T_s ：飽和温度 [K]
- ρ_l ：飽和液の密度 [kg/m³]
- ρ_v ：乾き飽和蒸気の密度 [kg/m³]
- ν_l ：飽和液の動粘性係数 [m²/s]
- λ_l ：飽和液の熱伝導率 [W/(m·K)]
- Pr_l ：飽和液のプラントル数
- Δh_v ：蒸発潜熱 [J/kg]
- σ ：表面張力 [N/m]
- g ：重力加速度 [m/s²]

上式からもわかるように，プール飽和核沸騰の熱伝達率 α は，熱流束 q の関数として，一般に次のように表される．

$$\alpha = C_1 q^n \tag{4・5}$$

あるいは，伝熱面過熱度 ΔT_s の関数として表すと，

$$\alpha = C_2 \Delta T_s^m \tag{4・6}$$

ここに，
$$\left.\begin{array}{l} C_2 = C_1^{1/(1-n)} \\ m = \dfrac{n}{1-n} \end{array}\right\} \tag{4・7}$$

係数 C_1, C_2 は流体の物性値や伝熱面の性状によって異なる値をとる．指数 n は通常 $2/3 \sim 4/5$ である．

注：プールサブクール核沸騰の場合にも，熱伝達率を伝熱面温度と飽和温度との差で定義すれば，上記の飽和沸騰の式をそのまま適用することができる．

（3） 極大熱流束

前述の核沸騰は熱伝達率が非常に高く，小さい温度差（伝熱面過熱度）で非常に高い熱流束の伝熱を行いうるので，熱除去や蒸気発生の装置をこの核沸騰域で操作することが望ましい．伝熱面の熱流束あるいは過熱度が極大熱流束点の値以上になると，伝熱面温度の異常上昇あるいは伝熱量の低下のため，装置の重大な損傷や動作不良をひきおこすことになる．したがって，極大熱流束点は装置の設計あるいは操作上の限界を与える重要な点である．

飽和沸騰の極大熱流束 $q_{\max}$ に関して，たとえばKutateladzeは次の式を与えている[3]．

$$\frac{q_{\max}}{\Delta h_v \rho_v} = \left[\frac{\rho_v^2}{\sigma g(\rho_l - \rho_v)}\right]^{0.25} = 0.16 \tag{4・8}$$

極大熱流束は系圧力によって大きく変化し，一般に換算圧力（熱力学的な臨界圧力に対する当該圧力の比）が0.3付近で最大になる．また，図 **4・2** に示したように，サブクール度が大きいほど，極大熱流束は高くなる．

（4） 遷移沸騰および膜沸騰の熱伝達

遷移沸騰は，核沸騰と膜沸騰が時間的にも空間的にも混在している沸騰様式とみなしてよいが，実験上実現が難しいこともあって，まだ十分に解明されておらず，熱伝達率を予測する有用な式もない．

原子炉の緊急冷却，金属の焼き入れ，高温鋼板の冷却，超低温冷却などに関連して，膜沸騰熱伝達の知識が必要とされる．膜沸騰では，伝熱面と液体の間に連続的な蒸気膜が形成され，伝熱面からの熱は蒸気膜内の対流によって気液界面に伝えられ，そこで液体が蒸発する．したがって，熱伝達率は一般に核沸騰の値に比べて格段に小さい．この対流伝熱は基本的に後述する層流膜状凝縮の場合と類似しており，熱伝達率を予測するために，凝縮理論と同様な論理展開をして，理論式あるいは半理論式が得られている．なお，膜沸騰熱伝達は，伝熱面の表面粗さの影響を受けないが，図 **4·2** に示したように，サブクール度が大きくなると良好になる．

〔例題 **4·1**〕
温度が 120°C の固体表面で，圧力 0.101 MPa の飽和水が沸騰している．このときの熱伝達率および伝熱面熱流束はいくらになっているか．

〔解〕
圧力 0.101 MPa における飽和水と乾き飽和蒸気の物性値は，表 **3·1** および表 **3·2** から，

$T_s = 100°C$, $\rho_l = 958.1 \text{ kg/m}^3$, $\nu_l = 0.2945 \times 10^{-6} \text{ m}^2/\text{s}$,
$\lambda_l = 0.678 \text{ W/(m·K)}$, $Pr_l = 1.756$, $\Delta h_v = 2.257 \times 10^6 \text{ J/kg}$,
$\sigma = 0.0589 \text{ N/m}$, $\rho_v = 0.5977 \text{ kg/m}^3$

核沸騰が生じていると仮定して，式(**4·2**)から，

$$D_L = \sqrt{\frac{0.0589}{9.807(958.1-0.6)}} = 2.504 \times 10^{-3} \text{ m}$$

式(**4·1**)から，

$$\alpha = 7.0 \times 10^{-4} \times \frac{0.678}{2.504 \times 10^{-3}} \times 1.756^{0.35}$$
$$\times \left(\frac{q \times 2.504 \times 10^{-3}}{0.5977 \times 2.257 \times 10^6 \times 0.2945 \times 10^{-6}}\right)^{0.7}$$
$$\times \left(\frac{0.101 \times 10^6 \times 2.504 \times 10^{-3}}{0.0589}\right)^{0.7}$$

∴ $\alpha = 2.322 q^{0.7}$ (1)

一方，

$$\alpha = \frac{q}{T_w - T_s} = \frac{q}{120 - 100} \tag{2}$$

したがって，式(**1**)と式(**2**)から，

$$\frac{q}{20} = 2.322 q^{0.7}$$

$$q = (20 \times 2.322)^{1/0.3} = 3.6 \times 10^5 \text{ W/m}^2$$

$$\alpha = \frac{3.6 \times 10^5}{20} = 1.8 \times 10^4 \text{ W/(m}^2 \cdot \text{K)}$$

なお，式(**4·8**)から，

$$q_{\max} = \frac{0.16 \times 2.257 \times 10^6 \times 0.5977}{\left[\frac{0.5977^2}{0.0589 \times 9.807(958.1 - 0.6)}\right]^{0.25}} = 1.35 \times 10^6 \text{ W/m}^2$$

式(**1**)から，

$$\alpha_{\max} = 2.322 \times (1.35 \times 10^6)^{0.7} = 4.5 \times 10^4 \text{ W/(m}^2 \cdot \text{K)}$$

$$\Delta T_{s\,\max} = \frac{q_{\max}}{\alpha_{\max}} = \frac{1.35 \times 10^6}{4.5 \times 10^4} = 30°\text{C} > \Delta T_s = 20°\text{C}$$

したがって，いまの沸騰は核沸騰であり，式(**4·1**)を適用してよい．

〔例題 **4·2** ＊〕

内径 16.0 mm，外径 20.0 mm の銅管内を，平均温度 30°C の水が流れており，その熱伝達率は 3200 W/(m²·K) である．管外では温度 5°C の冷媒の飽和液が沸騰をしている．この銅管の単位長さあたりの伝熱量を求めよ．ただし，温度 5°C の冷媒の物性値は次のとおりである．

$P_s = 0.55$ MPa, $\rho_l = 1264$ kg/m³, $\nu_l = 0.158 \times 10^{-6}$ m²/s,
$\lambda_l = 0.0935$ W/(m·K), $Pr_l = 2.53$, $\Delta h_v = 2.00 \times 10^5$ J/kg,
$\sigma = 0.0107$ N/m, $\rho_v = 25.6$ kg/m³

〔解〕

式(**4·4**)から，

$$D_b = 0.51 \sqrt{\frac{2 \times 0.0107}{9.807(1264 - 25.6)}} = 6.77 \times 10^{-4} \text{ m}$$

式(**4·3**)から,

$$\alpha = 207 \times \frac{0.0935}{6.77\times 10^{-4}} \times 2.53^{0.533} \times \left(\frac{q\times 6.77\times 10^{-4}}{0.0935\times 278}\right)^{0.745} \times \left(\frac{25.6}{1264}\right)^{0.581}$$

$$\therefore\ \alpha = 1.87 q^{0.745} \tag{1}$$

円管の熱通過の式,式(**2·58**)または式(**2·61**)と式(**2·62**)から,

$$q = \frac{Q}{A_o} = \frac{T_{b1}-T_{b2}}{\dfrac{1}{\alpha_i}\dfrac{R_o}{R_i}+\dfrac{R_o}{\lambda_w}\ln\dfrac{R_o}{R_i}+\dfrac{1}{\alpha}} = \frac{30-5}{\dfrac{1}{3200}\times\dfrac{10.0}{8.0}+\dfrac{0.0100}{372}\ln\dfrac{10.0}{8.0}+\dfrac{1}{\alpha}}$$

ただし,銅の熱伝導率は表 **2·1** から 372〔W/(m·K)〕としている.この式を整理すると,

$$q = \frac{25}{0.0003966+\dfrac{1}{\alpha}} \tag{2}$$

式(**1**)と式(**2**)を繰り返し計算(逐次近似法)で解く.q の最初の仮定値には,式(**2**)で $1/\alpha = 0$ とした q の値を用いる.

q(仮定)	α〔式(**1**)から〕	q〔式(**2**)から〕
6.30×10^4	7.04×10^3	4.64×10^4
4.64×10^4	5.60×10^3	4.35×10^4
4.35×10^4	5.34×10^3	4.28×10^4
4.28×10^4	5.28×10^3	4.27×10^4
4.27×10^4	5.27×10^3	4.26×10^4
4.26×10^4	5.26×10^3	4.26×10^4

$$\therefore\ q = 4.26\times 10^4\ \text{W/m}^2 \qquad \alpha = 5.26\times 10^3\ \text{W/(m}^2\cdot\text{K)}$$

$$\frac{Q}{L} = \pi D_o q = \pi\times 0.0200\times 4.26\times 10^4 = 2.7\times 10^3\ \text{W/m} = 2.7\ \text{kW/m}$$

なお,管の外面における過熱度 $\Delta T_s = T_w - T_s$ は,

$$\Delta T_s = \frac{q}{\alpha} = \frac{4.26\times 10^4}{5.26\times 10^3} = 8.1°\text{C}$$

式(**4·8**)から,

$$q_{\max} = \frac{0.16 \times 2.00 \times 10^5 \times 25.6}{\left[\dfrac{25.6^2}{0.0107 \times 9.807(1264-25.6)}\right]^{0.25}} = 5.47 \times 10^5 \text{ W/m}^2$$

式(**1**)から，

$$\alpha_{\max} = 1.87 \times (5.47 \times 10^5)^{0.745} = 3.52 \times 10^4 \text{ W/(m}^2\cdot\text{K)}$$

$$\Delta T_{s\,\max} = \frac{q_{\max}}{\alpha_{\max}} = \frac{5.47 \times 10^5}{3.52 \times 10^4} = 15.5°\text{C} > \Delta T_s = 8.1°\text{C}$$

したがって，冷媒の沸騰は核沸騰であり，式(**4・3**)を適用してよい．

4・2・3　外部流動沸騰熱伝達

流動している液体中に置かれた平板や円柱などの加熱物体表面からの沸騰熱伝達は，図 **4・3** に示すように，プール沸騰の場合と同様である．プール沸騰の場合とほぼ等しい伝熱面過熱度 ΔT_s で核沸騰が開始し，液体の強制対流と核沸騰の両方で熱伝達が行

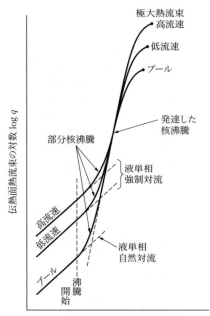

図 **4・3**　外部流動沸騰の伝熱特性

われるようになる（図中の部分核沸騰と記した領域）．伝熱面過熱度あるいは熱流束が十分大きい場合には発達した核沸騰になる．この領域では流速の影響は無視できて，熱伝達率はプール核沸騰の熱伝達予測式から算出できる．流速が大きいほど，極大熱流束は高くなり，図示していないが，膜沸騰域の熱伝達も良好になる．

4・2・4　管内流沸騰熱伝達
（1）　垂直管内沸騰

管内流沸騰では，発生した蒸気が管内を液体とともに流れるので，流れ方向に蒸気質量流量比すなわち**クオリティ**（quality）が増加し，それに伴って**気液二相の流動様式**（two-phase flow pattern）が変化する．管内流沸騰熱伝達は，この気液二相の流動様式と密接に関連している．

図4・4は，垂直に配置された長い加熱円管の下端からサブクール液体が流入し，上端から過熱蒸気が出ていく場合について，管内の気液二相の流動様式と伝熱様式および流体の混合平均温度と局所熱伝達率の変化を概念的に示したものである．流動様式の変化に伴って，伝熱様式も変化するため，管内の熱伝達率が管長に沿って図示したように変化する．

管入口付近では，液単相の強制対流によって液体に熱が伝えられる．このときの熱伝達率は，管長に沿ってほぼ一定である（3・3・4節参照）．液体温度の上昇に伴って管内面温度が上昇し，これが飽和温度以上のある値に達すると，管内面上で気泡が発生し始め，**サブクール核沸騰**と呼ばれる伝熱様式になる．液体のサブクール度が大きい場合には，気泡の存在は管内面近傍に限られるが，管長に沿ってサブクール度が減少していくと，管内面を離脱した気泡が管中心部にまで存在するようになる．液体温度が飽和温度に達した点以降は**飽和沸騰**と呼ばれる．

サブクール域と低クオリティ域における流動様式は，液体中に気泡が分散して流れる**気泡流**（bubble flow），および気泡が合体してできた大気泡（これを気体スラグという）と液体塊（液体スラグ）が交互に流れる**スラグ流**（slug flow）である．これらの場合の伝熱は主として**核沸騰**によって行われる．クオリティが増加すると，管内面上に環状の液膜が形成され，蒸気は管中心部を流れる**環状流**（annular flow）になる．この場合，管中心部の蒸気流には，通常多数の液滴が同伴されているので，**環状噴霧流**（annular mist flow）とも呼ばれる．環状流または環状噴霧流の流動様式になると，管内面上の

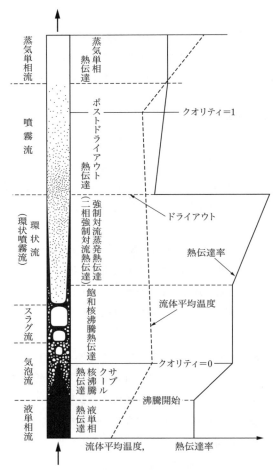

図 4・4 垂直加熱円管内における沸騰流の流動様式と伝熱様式および熱伝達率の変化

液膜がまだ十分厚い間は液膜内で核沸騰が生じるが、液膜が薄くなると、液膜を通しての強制対流によって熱が管内面から液膜表面まで伝えられ、そこで液体が蒸発する**強制対流蒸発熱伝達**（forced convective evaporation heat transfer）が支配的になる。すなわち、薄い液膜を通しての強制対流の伝熱は極めて良好であるため、管内面過熱度は気泡核の生成に必要な過熱度よりも低くなり、核沸騰は抑制されてしまう。この伝熱様式は**二相強制対流熱伝達**（two-phase forced convection heat transfer）とも呼ばれる。さらにクオリティが増加すると、液膜が消失あるいは破断する。このことを一般に**ドラ**

イアウト (dryout) という．ドライアウトが生じると，蒸気が管内面と直接接触するようになるので，伝熱が急激に悪くなる．ドライアウト後は蒸気流中に液滴が含まれた**噴霧流** (mist flow) になり，この領域の伝熱を**ポストドライアウト熱伝達** (post dryout heat transfer) と呼ぶ．さらに流れが進んで，蒸気流中に含まれている液滴が完全に蒸発してしまえば，過熱蒸気単相の強制対流熱伝達になる．

　熱流束が高い場合には，環状流の薄い液膜内でも核沸騰が生じやすくなり，したがって，核沸騰域から強制対流蒸発域への移行はより高いクオリティで生じるようになる．さらに熱流束が高くなると，核沸騰域から強制対流蒸発域に移ることなく，低クオリティにおいて核沸騰から膜沸騰に移行して，伝熱が急激に悪くなる．この核沸騰から膜沸騰への移行を **DNB** (departure from nucleate boiling) と呼んでいる．

　熱流束あるいはクオリティがある値に達してドライアウトや DNB が生じると，熱伝達率が急激に低下するため，熱流束制御形の加熱方式の場合には管壁温度が急上昇し，管壁温度制御形の加熱方式では伝熱量が急減する．与えられた条件のもとで，ドライアウトや DNB が生じる最小の熱流束あるいはクオリティをそれぞれ**限界熱流束** (critical heat flux, **CHF**) あるいは**限界クオリティ** (critical quality) と呼ぶ．なお，ドライアウトと DNB を総称して**沸騰危機** (boiling crisis) または**バーンアウト** (burnout) ということもある．

　以上のような伝熱様式が生じる領域を熱流束とクオリティの座標上に模式的に示すと図 4·5 のようになる．この図から，熱流束あるいはクオリティが変化すると，管内流沸騰の伝熱様式がどのように変わるかを概念的に把握することができる．図中の矢印は，流量が大きくなった場合に伝熱様式の各境界がどの方向に移動するかを示している．

　限界熱流束または限界クオリティは，管内流沸騰が生じている装置の安全上あるいは性能上とくに重要である．図 4·5 に定性的に示しているように，限界熱流束はクオリティの増加とともに低下する傾向をもっている．したがって，一様に加熱された管では，クオリティが最も大きくなる管出口でまず限界状態が生じる．ある一定のクオリティの点で限界状態が生じる場合を考えると，一般に，ドライアウトでは流量が大きいほど，DNB では流量が小さいほど，限界熱流束は低くなる．

　図 4·5 に示す熱流束の各値 a〜d における熱伝達率のクオリティに対する変化は概略図 4·6 に示したようになる．なお，図 4·5 と図 4·6 の a と b の中間ぐらいの熱流束の場合が，図 4·4 に相当する．

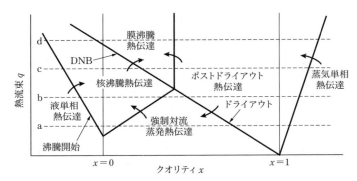

図 4·5 垂直管内流沸騰における各伝熱様式の発生領域

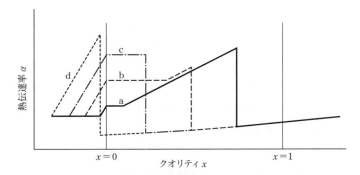

図 4·6 垂直管内流沸騰における熱伝達率の変化（図 4·5 に対応）

（2） 水平管内沸騰

　水平管内沸騰流では，重力の作用で気液が上下に分離して流れる傾向があるため，管軸に対称な気液の分布になっているとみなせる垂直管の場合よりも流動様相が複雑である．図 4·7 に水平管内の低流量と高流量それぞれにおける気液二相の流動様式の典型的な例を示す．伝熱様式は前に述べた垂直管の場合と基本的に同様であるが，水平管ではそのほかに，管全周が液体でぬらされている流れであるか，管上側の面が乾いている流れであるかによって，管周平均熱伝達率，したがって伝熱量が大きく異なってくる．

　低流量あるいは低クオリティでは，気液が上下に分離した**層状流**（stratified flow）や**波状流**（wavy flow）の流動様式になり，管上側の内面は直接蒸気と接しており，実際上伝熱に寄与するのは液体でぬれている管下側の部分だけである．このような場合の

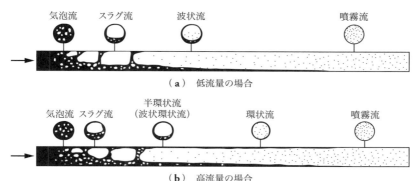

図 4·7 水平加熱円管内における沸騰流の流動様式

管周平均熱伝達率は，ぬれ面積の比率によって左右され，全周がぬれている場合の熱伝達率よりもかなり低くなる．

流速が大きくて，慣性力が重力の作用を上まわるようになると，管全周が液体でぬらされる．この場合にも，とくに高流量でなければ，環状流において液膜厚さが不均一（管頂部で最小，底部で最大）であったり，気泡流やスラグ流において蒸気が管の上側に片寄って流れたりする．したがって，ドライアウトやDNBはまず管頂部で生じることになる．

（3） 管内流沸騰の熱伝達率

管内流沸騰でドライアウトが生じるまでの伝熱は，一般に液体の**核沸騰**と**強制対流**によって行われ，前者が支配的な領域が核沸騰域であり，後者が支配的な領域が強制対流蒸発域である．高熱流束，低質量速度あるいは低クオリティでは核沸騰が支配的になり，熱伝達率は熱流束に大きく依存するが，質量速度とクオリティの影響は小さい．一方，低熱流束，高質量速度あるいは高クオリティでは強制対流が支配的になり，熱伝達率は質量速度とクオリティによって変化するが，熱流束にはほとんど関係しない．

このような管内流沸騰の熱伝達率は，一般に次の形で表される．

$$\alpha = S\alpha_B + F\alpha_C \tag{4·9}$$

ここに，α_B はプール核沸騰の熱伝達率，α_C は液単相流の熱伝達率，S は強制対流によって核沸騰が抑制される効果を考慮した核沸騰の度合いを示す係数，F は気液二相流

で液単相流よりも流速が大きくなるために熱伝達が増進される程度を表す係数である．管内面熱流束が大きく，クオリティが小さい場合には，式(4·9)における第一項の核沸騰の項が，また，流量が大きく，クオリティが大きい場合には，第二項の強制対流の項が，それぞれ支配的な大きい値をとることになる．係数 S と F に関して，いろいろな式が提案されているが，ここでは省略する．

〔例題 4·3〕

一様に加熱されている内径 20.4 mm，長さ 3.80 m の垂直蒸発管内に，圧力 1.0 MPa の飽和水が流入している．この場合の限界熱流束 q_c [kW/m^2] は，クオリティ x と質量速度 G [kg/(m^2·s)] の関数として，次式で表されるものとする．

$$q_c = 218 G^{1/3} - 1.56 G x$$

質量速度が 1000 kg/(m^2·s) の場合に，蒸発管でバーンアウトを生じさせないためには，管内面の熱流束はいくら以下であればよいか．そして，この場合に達成されうる最大の管出口クオリティはいくらになるか．また，質量速度が 2000 kg/(m^2·s) の場合には，これらの熱流束と出口クオリティはどうなるか．

〔解〕

一様に加熱されている管では，限界状態はまず管出口で生じる．したがって，管出口のクオリティを x_e とすれば，与えられた上式から，

$$q_c = 218 G^{1/3} - 1.56 G x_e \tag{1}$$

いまの場合，x_e は未知であるので，式(1)のみから限界熱流束 q_c を直ちに求めることはできない．すなわち，あと一つ関係式が必要である．それは，蒸発管の出入口間における熱収支を表す次式である．

$$\frac{\pi}{4} D^2 G h_i + \pi D L q_c = \frac{\pi}{4} D^2 G h_e$$

ここに，D と L はそれぞれ管の内径と長さ，h_i と h_e はそれぞれ管入口と出口における流体の比エンタルピーであり，これらはいまの場合，

$$h_i = h_l \quad (h_l：飽和水の比エンタルピー)$$

$$h_e = h_l + \Delta h_v x_e \quad (\Delta h_v：蒸発潜熱)$$

であるから，上の熱収支の式は次のようになる．

$$Lq_c = \frac{D}{4} G \Delta h_v x_e$$

上式に $L = 3.80$ m, $D = 0.0204$ m, $\Delta h_v = 2.013 \times 10^6$ J/kg $= 2013$ kJ/kg（表 **3・1** 参照）を代入すると，

$$3.80 q_c = 10.27 G x_e \tag{2}$$

式(**1**)と式(**2**)を連立して解くと，

$$q_c = 138 G^{1/3}$$
$$x_e = 51.1 G^{-2/3}$$

$G = 1000$ kg/(m^2・s) のとき，$q_c = 1.38 \times 10^3$ kW/m^2, $x_e = 0.511$
$G = 2000$ kg/(m^2・s) のとき，$q_c = 1.74 \times 10^3$ kW/m^2, $x_e = 0.322$

したがって，質量速度が 1000 および 2000 kg/(m^2・s) の場合には，熱流束はそれぞれ 1.38×10^3 および 1.74×10^3 kW/m^2 以下であればよく，達成されうる最大の管出口クオリティは限界熱流束のときであるから，それぞれ 0.511 および 0.322 である．

4・3 凝縮熱伝達

4・3・1 凝縮の現象とその分類

蒸気が相変化をして液体になる現象を一般に**凝縮**（condensation）という．このうち，実際上主に問題となるのは，蒸気が飽和温度よりも低い温度の固体表面に接触して生じる凝縮である．その際，蒸気は潜熱を放出して固体面（冷却面）へ熱が伝えられる．生じた**凝縮液**（condensate）は重力の作用で冷却面上を流下する．このような凝縮には，次の二つの形態がある．

（**1**） **膜状凝縮**（film condensation）
　　冷却面がぬれやすい場合に生じる凝縮で，凝縮液は冷却面上で連続した膜を形成し，この液膜の表面で蒸気が凝縮する．実際上多くの場合に生じる凝縮はこの形態である．

（**2**） **滴状凝縮**（dropwise condensation）
　　冷却面がぬれにくい場合に生じる凝縮で，蒸気は冷却面上で半球状の液滴を形成

して凝縮する．

ここでは，実用上の観点から，主として膜状凝縮に関して述べることにする．

飽和蒸気が膜状凝縮をする場合には，蒸気と冷却面との間の温度差は凝縮液膜内にのみ存在する．すなわち，液膜を通しての熱抵抗のみが凝縮熱伝達を支配している．したがって，液膜の厚さおよび液膜内の流れの状態によって，凝縮の熱伝達率が決まってくる．液膜厚さと流れの状態は，液膜の流れをひきおこす力によって異なってくる．この流れをひきおこす力の種類によって，膜状凝縮は次の三つに分類される．

(i) **体積力対流凝縮**

静止あるいは低流速の蒸気が凝縮する場合がこれに相当する．液膜にはたらく体積力（重力など）によって，液膜の流れがひきおこされる．次の **4・3・2** 節で述べるように，液膜の状態は体積力と粘性力および液膜流量によって決まる．

(ii) **強制対流凝縮**

大きい流速の蒸気が凝縮する場合がこれに相当する．液膜表面にはたらく蒸気流によるせん断力によって，液膜の流れがひきおこされる．したがって，液膜の状態はこのせん断力に支配される．

(iii) **共存対流凝縮**

凝縮液膜に及ぼす体積力と蒸気流によるせん断力の影響が同程度の場合の凝縮，すなわち体積力対流凝縮と強制対流凝縮の中間の条件における凝縮である．

なお，膜状凝縮の熱伝達は，気泡が発生して現象が複雑である沸騰の場合とは異なり，上述のように液膜流がどうなるかのみを考えればよいので，理論的な取り扱いが比較的容易である（次の **4・3・2** 節参照）．相変化と熱移動の向きは逆であるが，膜状凝縮と沸騰を伴わない液膜の蒸発は同様な理論的取り扱いができる．

4・3・2　体積力対流凝縮熱伝達
(1)　垂直壁の場合

静止または低速で流れている純粋な飽和蒸気が，高さ L の垂直な冷却面上で膜状凝縮をする場合を考える．図 **4・8** のように，座標 x と y をとる．流下する凝縮液膜の流

れは層流であるとする．液膜と蒸気との界面（液膜表面）で蒸気は凝縮して液体になり，それが流下していくので，液膜の厚さ δ は，冷却面の上端でゼロであり，上端からの距離 x とともに次第に増していく．この場合の熱伝達は，次のように理論的に解析される．

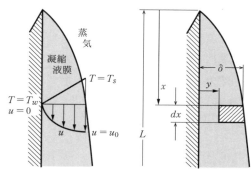

図 4·8 垂直壁面上の体積力対流凝縮

仮定　① 気液界面（$y = \delta$）におけるせん断力は無視できる．

② 液膜内の厚さ方向（y 方向）の対流による熱輸送は無視でき，厚さ方向に熱は伝導のみで伝えられる．したがって，液膜内の厚さ方向の温度は，気液界面における飽和温度 T_s から壁面の温度 T_w（$< T_s$）まで直線的に変わっている．

冷却面の幅方向には液膜は一様な状態になっているとみなせるので，以下の解析では，冷却面の単位幅あたりについて考えることにする．

気液界面で蒸気が凝縮して液体になるときに放出する凝縮潜熱は，上記の仮定②から，y 方向の熱伝導によって液膜内を移動し冷却面に伝えられる．いま，微小な高さ dx の部分について考えると，この伝熱量 dQ_x は，液膜内で直線温度分布を仮定しているので，

$$dQ_x = \lambda_l \frac{\partial T}{\partial y}\bigg|_{y=0} dx = \lambda_l \frac{T_s - T_w}{\delta} dx \quad [\text{W/m}] \tag{4·10}$$

ここに，λ_l：凝縮液の熱伝導率 [W/(m·K)]

一方，この場合の局所熱伝達率 α_x は次式で定義される．

$$dQ_x = \alpha_x (T_s - T_w) dx \quad [\text{W/m}] \tag{4·11}$$

式 (4·10) と式 (4·11) から，

$$\alpha_x = \frac{\lambda_l}{\delta} \quad [\text{W/(m}^2\text{·K)}] \tag{4·12}$$

したがって，任意の点 x における液膜厚さ δ がわかれば，局所熱伝達率 α_x を求めることができる．δ は次のようにして求まる．

液膜内の微小体積要素 $dx \times (\delta - y) \times 1$（図 **4・8** で斜線を施した部分）にはたらく x 方向の力は，前記の仮定 ① から，重力と $y = y$ の面におけるせん断力（粘性力）だけであり，これらの力のつりあいを考えると，

$$\rho_l g(\delta - y)dx = \mu_l \frac{du}{dy}dx \tag{4・13}$$

ここに，u ：凝縮液の流下速度 [m/s]
　　　　ρ_l ：凝縮液の密度 [kg/m^3]
　　　　μ_l ：凝縮液の粘性係数 [Pa・s]
　　　　g ：重力加速度 [m/s^2]

なお，蒸気の密度は液体の密度に比べて一般に非常に小さいので，蒸気との密度差による浮力は無視している．すなわち，$(\rho_l - \rho_v)g \doteqdot \rho_l g$ としている．

境界条件 $y = 0$；$u = 0$ を考慮して，式(4・13)を積分すると，

$$u = \frac{\rho_l g}{\mu_l}\left(\delta y - \frac{1}{2}y^2\right) \quad [\text{m/s}] \tag{4・14}$$

したがって，上端からの距離 x の断面における単位幅あたりの凝縮液の質量流量 Γ は，

$$\Gamma = \rho_l \int_0^\delta u\,dy = \frac{\rho_l^2 g \delta^3}{3\mu_l} \quad [\text{kg/(m・s)}] \tag{4・15}$$

x と $x + dx$ の間で増加する凝縮液の量 $d\Gamma$ は，

$$d\Gamma = \frac{d\Gamma}{dx}dx = \frac{d\Gamma}{d\delta}\frac{d\delta}{dx}dx = \frac{\rho_l^2 g \delta^2}{\mu_l}d\delta \tag{4・16}$$

dx の部分における凝縮によって放出される熱量 dQ_{cx} は，凝縮液の顕熱を無視すると，この凝縮液流量の増加分 $d\Gamma$ に凝縮潜熱 Δh_v を乗じたものである．すなわち，

$$dQ_{cx} = \frac{g\rho_l^2 \Delta h_v \delta^2 d\delta}{\mu_l} \quad [\text{W/m}] \tag{4・17}$$

$dQ_{cx} = dQ_x$ であるから，式(4・10)と式(4・17)から，

$$\frac{g\rho_l^2 \Delta h_v \delta^2 d\delta}{\mu_l} = \lambda_l \frac{T_s - T_w}{\delta}dx \tag{4・18}$$

境界条件 $x=0$；$\delta=0$ のもとで，式(4·18)を積分すると，

$$\delta = \left[\frac{4\mu_l \lambda_l x(T_s - T_w)}{g\rho_l^2 \Delta h_v}\right]^{1/4} \quad [\text{m}] \tag{4·19}$$

これが液膜厚さ δ を表す式である．これを式(4·12)に代入して，

$$\alpha_x = \left[\frac{g\rho_l^2 \lambda_l^3 \Delta h_v}{4\mu_l x(T_s - T_w)}\right]^{1/4} \quad [\text{W}/(\text{m}^2 \cdot \text{K})] \tag{4·20}$$

壁面温度 T_w が一様であれば，平均熱伝達率 α は，

$$\alpha = \frac{1}{L}\int_0^L \alpha_x dx \tag{4·21}$$

であるから，

$$\alpha = \frac{4}{3}\left[\frac{g\rho_l^2 \lambda_l^3 \Delta h_v}{4\mu_l L(T_s - T_w)}\right]^{1/4} = 0.943\left[\frac{g\rho_l^2 \lambda_l^3 \Delta h_v}{\mu_l L(T_s - T_w)}\right]^{1/4} \quad [\text{W}/(\text{m}^2 \cdot \text{K})] \tag{4·22}$$

以上の理論解析は最初に Nusselt によって行われたものであり[4]，式(4·20)と式(4·22)および後出の式(4·24)は**ヌセルトの式**としてよく知られている．

以上は，凝縮液膜が層流の場合である．次に示す式(4·23)で定義される**液膜レイノルズ数** Re_f が約 30 以下では液膜は完全な層流であり，式(4·20)あるいは式(4·22)から熱伝達率を算出することができる．しかしながら，下流に進むにつれて液膜流量が増え，それに伴って Re_f が大きくなり，$Re_f > $ 約 30 になると，層流ではあるが，液膜表面に波が現れる波状流になる．このときの熱伝達率は，式(4·20)や式(4·22)で算出される値よりもいくぶん大きくなる．

$$Re_f = \frac{4u_m \delta}{\nu_l} = \frac{4\Gamma}{\mu_l} \tag{4·23}$$

ここに，u_m：凝縮液膜の断面平均流速 [m/s]

ν_l：凝縮液の動粘性係数 [m²/s]

さらに，Re_f が 1200〜1800 程度以上になると，液膜は乱流に遷移し，熱伝達率はさらに大きくなる．これらのそれぞれの場合について，熱伝達率の予測式が提案されているが，ここでは省略する．

（2） 傾斜壁の場合

傾斜壁面が水平となす角をφとすれば，垂直壁に関する式で，gを$g\sin\varphi$に置き換えればよい．

（3） 水平円管外面の場合

水平円管の外面において体積力対流凝縮が生じている場合には，凝縮液膜は管の外周に沿って流下する．この場合の液膜の流れ方向の距離は短いので，液膜は通常全域で層流であり，前述の理論解析と同様な方法で得られる次式によって，この場合の平均熱伝達率αを算出することができる．

$$\alpha = 0.725\left[\frac{g\rho_l^2 \lambda_l^3 \Delta h_v}{\mu_l D(T_s - T_w)}\right]^{1/4} \quad [\text{W}/(\text{m}^2\cdot\text{K})] \tag{4・24}$$

ここに，D：管の外径 [m]

（4） 水平円管群の場合

水平円管が垂直方向に並んでいる管群における凝縮では，図4・9に示すように，上方の管で生じた凝縮液が下方の管上に落下することによって，下方管外面上の液膜流量が増加し，液膜が厚くなる．これを**イナンデーション**（inundation）という．このために，下方管における凝縮熱伝達率は低下する．垂直方向にn段の水平管群全体の平均熱伝達率αは，次のように表される[5]．

$$\alpha = \alpha_1 n^{-m} \quad [\text{W}/(\text{m}^2\cdot\text{K})] \tag{4・25}$$

ここに，α_1：式(4・24)から算出される単管の平均熱伝達率 [W/(m²·K)]

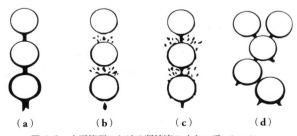

図4・9 水平管群における凝縮液のイナンデーション

$m = 0.16$ （碁盤目配列の場合）

$m = 0.08$ （千鳥配列の場合）

　碁盤目配列の管群で体積力対流凝縮の場合，落下液が連続的なシート状をなしていれば〔図 **4・9**（**a**）〕，理論的に $m = 0.25$ と導かれる．しかしながら，実際には液滴状あるいは噴流状で落下するため，下方管の液膜が乱されたり，はねとばされたりして〔図 **4・9**（**b**）および（**c**）〕，イナンデーションによる伝熱悪化の影響が緩和される．したがって，実際には $m = 0.16$ 程度となり，計算にはこの値を用いるほうがよい．千鳥配列では，碁盤目配列よりも一般にイナンデーションの影響は小さく〔図 **4・9**（**d**）〕，$m = 0.08$ 程度と考えてよい．

注：一般に，蒸気中に空気などの不凝縮ガスが含まれていると，蒸気の凝縮が生じる気液界面の近傍で気相中の不凝縮ガスの濃度が高くなるので，蒸気の凝縮が阻害され，熱伝達率は著しく低下する．したがって，凝縮器の設計などでは，この点に対する注意が必要である．

〔**例題 4・4**〕

　外径 2.50 cm，長さ 60 cm の水平管が垂直方向に 4 本，水平方向に 6 本，碁盤目に並べられており，その表面で 100°C の飽和水蒸気が膜状に凝縮している．管の表面温度が 90 °C であるとき，単位時間あたりの凝縮量を求めよ．

〔**解**〕

$(100 + 90)/2 = 95$°C の圧縮水（凝縮液）の物性値は，表 **3・1** から，

$$\rho_l = 961.7 \text{ kg/m}^3, \quad \mu_l = 0.299 \times 10^{-3} \text{ Pa·s}, \quad \lambda_l = 0.675 \text{ W/(m·K)}$$

100°C において，$\Delta h_v = 2.257 \times 10^6$ J/kg

管群における平均熱伝達率 α は，式（**4・24**）と式（**4・25**）から，

$$\alpha = 0.725 \left[\frac{g \rho_l^2 \lambda_l^3 \Delta h_v}{\mu_l D (T_s - T_w)} \right]^{1/4} n^{-0.16}$$

$$= 0.725 \left[\frac{9.807 \times 961.7^2 \times 0.675^3 \times 2.257 \times 10^6}{0.299 \times 10^{-3} \times 0.0250 \times (100 - 90)} \right]^{1/4} \times 4^{-0.16}$$

$$= 9.89 \times 10^3 \text{ W/(m}^2\text{·K)}$$

全管における伝熱量 Q は，

$$Q = \alpha(T_s - T_w)A = 9.89 \times 10^3 \times (100 - 90) \times \pi \times 0.0250 \times 0.60 \times 4 \times 6$$
$$= 1.119 \times 10^5 \text{ W} = 111.9 \text{ kW}$$

したがって，凝縮量 W は，

$$W = \frac{Q}{\Delta h_v} = \frac{111.9}{2257} = 0.0496 \text{ kg/s} = 178 \text{ kg/h}$$

4・3・3　強制対流凝縮および共存対流凝縮の熱伝達

　蒸気の流速が大きくなると，蒸気と接している液膜表面に蒸気流による大きいせん断力がはたらくようになり，これによって液体が速やかに流れるために，凝縮液膜は薄くなり，熱伝達率は大きくなる．このような場合の熱伝達率の予測式が提案されているが，ここでは省略する．

4・3・4　管内流凝縮熱伝達

　円管内を流れる蒸気が凝縮する場合には，図4・4あるいは図4・7に示した沸騰の場合と流れが逆向きで考えた気液二相の流動様式になる．ただし，凝縮の場合には，管内面が乾いた噴霧流の領域は存在せず，凝縮が始まると直ちに環状流になる．

　管内流凝縮では，水平管がよく用いられている．この場合，比較的低流量のときに，凝縮が進行してクオリティが小さくなると，気液二相の流動様式は波状流や層状流といった気液が上下に分離した流れになるが，沸騰の場合とは異なり，凝縮の場合には，このような流動様式であっても，管の上側の内面も液体でぬらされており，むしろここでの伝熱が良好である．

　管内流凝縮における熱伝達率の予測式がいくつか提案されているが，ここでは省略する．

4・3・5　滴状凝縮

　滴状凝縮では，凝縮液が冷却面上に小さい半球を形成し，その周囲は極めて薄い液膜になっているため，熱伝達率は非常に大きく，膜状凝縮の数倍から十数倍にもなる．

　適当な物質を冷却面に塗布したり吸着させたりすると，滴状凝縮が発生しやすくなるが，必ずしも長期間にわたって有効とは限らない．滴状凝縮についてはまだ不明の点が多い．したがって，凝縮器の設計などでは，膜状凝縮が生じるとして計算を行うのが普

4章 演習問題

4·1 大気圧下で飽和水のプール核沸騰の実験を行ったところ，伝熱面熱流束が 1.40×10^5 W/m^2 および 8.00×10^5 W/m^2 のときに，伝熱面温度がそれぞれ 114.0°C および 123.6°C であった．
（**1**）　この場合の熱伝達率を表す式を式(**4·5**)の形で求めよ．
（**2**）　同じ実験装置で，伝熱面温度が 118.5°C のとき，伝熱面から沸騰水への伝熱量はいくらになるか．ただし，伝熱面積は 46.2 cm^2 であり，面全域で温度と熱流束はそれぞれ一様であるとする．

4·2 大気圧の静止飽和水蒸気中に設置された高さ 20 mm，温度 80°C の垂直平面上の膜状凝縮について，以下の各値を求めよ．
（**1**）　平面下端での凝縮液膜の厚さ．
（**2**）　平面の単位幅あたりの凝縮水量．
（**3**）　平面下端での膜レイノルズ数．
（**4**）　平均熱伝達率．

5

放 射 伝 熱

5·1 熱放射の基本法則

物体が電磁波の形でエネルギーを放出したり吸収したりする現象を一般に**放射**（または，**ふく射**，radiation）といい，とくにこれが物体の温度だけで定まるものを**熱放射**（または，**熱ふく射**，thermal radiation）という．その温度に応じて物体が放射線を放出する際には，物体の内部エネルギーが放射のエネルギーに変換され，一方，放射線が物体に入射して吸収されると，放射のエネルギーは物体の内部エネルギーに変換される．したがって，熱放射は結果的に熱エネルギーの移動とみなしてよい．熱放射の波長範囲は，赤外部および可視部と紫外部の一部を含む $0.1 \sim 100 \, \mu m$ である．

物体の表面に入ってきた熱放射線 G [W] のうち，一部分 G_r は表面で反射され，一部分 G_a はその物体に吸収され，残りの部分 G_t はその物体を透過する．したがって，次のような性質が定義される．

反射率（reflectivity） $\quad \rho = \dfrac{G_r}{G}$ (5·1)

吸収率（absorptivity） $\quad a = \dfrac{G_a}{G}$ (5·2)

透過率（transmissivity） $\quad \tau = \dfrac{G_t}{G}$ (5·3)

$$\rho + a + \tau = 1 \tag{5·4}$$

大部分の固体では，放射線は透過しない（$\tau = 0$）ので，

$$\rho + a = 1 \tag{5・5}$$

以下,本章では,放射線の透過はないものとして取り扱う.

表面に入射してきた熱放射線をすべて吸収してしまう（$a=1$）物体を**黒体**（black body）という.

以上は放射エネルギーが物体表面に入ってくる場合であるが,次に放射エネルギーが物体表面から出ていく場合を考える.

物体表面から単位面積,単位時間あたりに放出される熱放射のエネルギーを**放射能**（**ふく射能**,emissive power）と呼び,記号 E [W/m^2] で表す.放射能 E は一般に物体表面の温度および物体の種類と表面の状態によって変わる.黒体の放射能 E_B（添字 B は黒体を示す.以下同様）は温度のみの関数であり,次に示す**ステファン・ボルツマン**（Stefan-Boltzmann）**の法則**によって与えられる.

$$E_B = \sigma T^4 \quad [\text{W/m}^2] \tag{5・6}$$

ここに,σ：**ステファン・ボルツマン定数** $= 5.67 \times 10^{-8}$ [W/(m^2・K^4)]

T：黒体面の絶対温度 [K]

したがって,

$$E_B = 5.67\left(\frac{T}{100}\right)^4 \quad [\text{W/m}^2] \tag{5・7}$$

黒体の放射能 E_B は,任意の与えられた温度において,すべての物体の放射能のうちで最大である.すなわち,任意の物体の放射能 E は同一温度の黒体の放射能 E_B よりも小さい.そこで,両者の比をとって,次の性質が定義される.

放射率（**ふく射率**,emissivity） $\quad \varepsilon = \dfrac{E}{E_B} \tag{5・8}$

式(5・7)と式(5・8)から,

$$E = 5.67\varepsilon\left(\frac{T}{100}\right)^4 \quad [\text{W/m}^2] \tag{5・9}$$

放射能と吸収率との間には一定の関係がある.すなわち,任意の温度において,すべての物体の放射能と吸収率との比は一定で,その温度における黒体の放射能に等しい.

$$\frac{E}{a} = E_B \quad [\mathrm{W/m^2}] \tag{5・10}$$

この関係を放射に関する**キルヒホッフ**（Kirchhoff）**の法則**という．式(5・8)と式(5・10)から，

$$\varepsilon = a \tag{5・11}$$

すなわち，熱放射線をよく吸収する物体ほど熱放射線をよく放出する．

物体からの熱放射にはいろいろな波長のものが含まれているが，以上述べた放射率と吸収率は全波長にわたって積分平均したものである（以下に述べる単色に関するものと区別するときには，これらをとくに**全放射率**，**全吸収率**という）．一般に物体の放射率は温度および波長の関数である．ある任意の波長 λ における放射能 E_λ（これを**単色放射能**という）と黒体の単色放射能 $E_{B\lambda}$ との比

$$\varepsilon_\lambda = E_\lambda / E_{B\lambda} \tag{5・12}$$

を**単色放射率**（または，**単色ふく射率**）という．同様に吸収率も波長の関数であり，ある任意の波長 λ における吸収率 a_λ を**単色吸収率**という．とくに，ある限られた波長帯でのみきわだった放射あるいは吸収をすることを，それぞれ**選択放射**および**選択吸収**という．選択放射や選択吸収は太陽集熱器をはじめいろいろな分野で応用されている実際上重要な性質であるが，ここではこれ以上触れないことにする．

とくに ε_λ や a_λ が波長に無関係に一定である，すなわち $\varepsilon_\lambda = \mathrm{const.} = \varepsilon\ (= a_\lambda = a)$ である物体を**灰色体**という．厳密には灰色体の性質を示す現実の物体はないが，実際上の物体の熱放射は，灰色体とみなして近似的な取り扱いをするのが普通である．表 5・1 に種々の面の放射率の値を示す．

注：厳密には，式(5・10)と式(5・11)がなりたつのは，単色放射率および単色吸収率に関してである．灰色体では，全放射率と全吸収率に関して式(5・10)と式(5・11)が厳密になりたつ．

ここで，面から放射されるエネルギーのうち，ある特定の方向に向う放射エネルギーを考える．図 5・1 のように，微小面 dA_1 を中心とした半径 r の半球面上に微小面 dA_2

表 5·1 種々の面の放射率

表　面		温度 °C	放射率 ε
アルミニウム	研磨面 酸化面 市販板	220 〜 580 200 〜 600 100	0.04 〜 0.06 0.11 〜 0.19 0.09
黄銅	研磨面 酸化面	40 〜 320 200 〜 600	0.10 0.61 〜 0.59
銅	研磨面 酸化面	100 200 〜 600	0.05 0.57
鉛	非酸化面 灰色酸化面	40 〜 230 20	0.05 〜 0.08 0.28
亜鉛	研磨面 酸化面	230 〜 330 400	0.05 0.11
鉄	研磨面 赤さび面 暗灰色酸化面	420 〜 1030 20 100	0.14 〜 0.38 0.69 0.31
鋳鉄	研磨面 酸化面	200 200 〜 600	0.21 0.64 〜 0.78
鋼	研磨面 酸化面	40 〜 1100 200 〜 600	0.07 〜 0.23 0.79
ニクロム線	輝面 酸化面	50 〜 1000 50 〜 500	0.65 〜 0.79 0.95 〜 0.98
ガラス	平滑面	260 〜 540	0.95 〜 0.85
石英ガラス	(2 mm 厚)	280 〜 840	0.90 〜 0.41
赤れんが		20	0.93
耐火れんが		1000	0.75
木材（オーク）		20	0.90
紙		20	0.93
塗装面	白色 暗色	20 〜 1600 20 〜 1600	0.95 〜 0.35 0.95 〜 0.75
水		0 〜 100	0.95 〜 0.96

を考え，この微小面の天頂角と方位角をそれぞれ ϕ および θ とする．dA_1 から放出される放射エネルギー dQ（$=EdA_1$）のうち，dA_2 に入射するエネルギー dQ_{12} は，面積 dA_1 の ϕ の方向への正射影 $dA_1\cos\phi$ および dA_1 の中心から dA_2 を望む立体角 $d\omega$（$=dA_2/r^2=\sin\phi\,d\phi\,d\theta$）に比例する．すなわち，

$$dQ_{12}=I\,dA_1\cos\phi\,d\omega \quad [\text{W}] \tag{5・13}$$

この比例定数 $I\,[\text{W/m}^2]$ を**放射強度**（intensity of radiation）という．すなわち，放

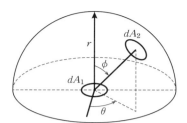

図 5·1 微小面からそれを囲む仮想的な半球面上の微小面への熱放射

射強度とは,その面からある任意の方向に,単位投影面積,単位立体角あたり放射されるエネルギーである.

微小面 dA_1 からあらゆる方向に放射されるエネルギーの全量 dQ は,

$$dQ = \int_\omega dQ_{12} = dA_1 \int_0^{\pi/2} \left(\int_0^{2\pi} I \sin\phi \cos\phi \, d\theta \right) d\phi \quad [\text{W}] \quad (5\cdot14)$$

したがって,放射強度 I がすべての方向に一様であれば,

$$E = \frac{dQ}{dA_1} = I \int_0^{\pi/2} \left(\int_0^{2\pi} \sin\phi \cos\phi \, d\theta \right) d\phi \quad [\text{W/m}^2] \quad (5\cdot15)$$

$$\therefore \quad E = \pi I \quad [\text{W/m}^2] \quad (5\cdot16)$$

黒体面および灰色面では,放射強度 I はすべての方向に一様であり,実際の物体表面でもほとんどのものがこれに近い性質を持っている.

5·2 黒体面間の放射伝熱

図 5·2 に示すような,面積 A_1,絶対温度 T_1 の黒体面と面積 A_2,絶対温度 T_2 の黒体面との間の放射伝熱を考える.

まず,それぞれの微小面積 dA_1 と dA_2 との間の伝熱を考える.

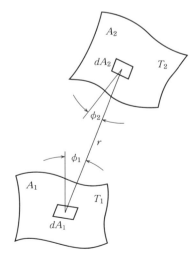

図 5·2 放射熱交換を行う二つの黒体面からなる系

dA_1 から dA_2 に伝わる放射エネルギー dQ_{12} は，式(**5・13**)から，

$$dQ_{12} = I_{B1} dA_1 \cos\phi_1 \, d\omega_{12}$$
$$= I_{B1} \frac{\cos\phi_1 \cos\phi_2}{r^2} dA_1 dA_2 \quad [\text{W}] \tag{5・17}$$

ただし，$d\omega_{12} = \dfrac{dA_2 \cos\phi_2}{r^2}$ (**5・18**)

ここに，ϕ_1 と ϕ_2 は微小面 dA_1 と dA_2 を結ぶ直線がそれぞれ dA_1 および dA_2 の法線方向となす角である．

逆に dA_2 から dA_1 に伝わる放射エネルギー dQ_{21} は，同様にして，

$$dQ_{21} = I_{B2} \frac{\cos\phi_1 \cos\phi_2}{r^2} dA_1 dA_2 \quad [\text{W}] \tag{5・19}$$

したがって，dA_1 から dA_2 への**正味の放射伝熱量** dQ は，

$$dQ = dQ_{12} - dQ_{21} = (I_{B1} - I_{B2}) \frac{\cos\phi_1 \cos\phi_2}{r^2} dA_1 dA_2 \quad [\text{W}] \tag{5・20}$$

一方，式(**5・16**)と式(**5・7**)から，

$$I_B = \frac{E_B}{\pi} = 5.67 \left(\frac{T}{100}\right)^4 \frac{1}{\pi} \quad [\text{W/m}^2] \tag{5・21}$$

式(**5・21**)を式(**5・20**)に代入すると，

$$dQ = 5.67 \left[\left(\frac{T_1}{100}\right)^4 - \left(\frac{T_2}{100}\right)^4\right] \frac{\cos\phi_1 \cos\phi_2}{\pi r^2} dA_1 dA_2 \quad [\text{W}] \tag{5・22}$$

面 A_1 から面 A_2 への正味の放射伝熱量 Q は，式(**5・22**)を面積 A_1 および A_2 にわたって積分すれば求まる．すなわち，

$$Q = 5.67 \left[\left(\frac{T_1}{100}\right)^4 - \left(\frac{T_2}{100}\right)^4\right] A_1 F_{12} \quad [\text{W}] \tag{5・23}$$

ここに，

$$F_{12} = \frac{1}{A_1} \int_{A_2} \int_{A_1} \frac{\cos\phi_1 \cos\phi_2}{\pi r^2} dA_1 dA_2 \tag{5・24}$$

F_{12} は**形態係数**（geometric factor あるいは shape factor）と呼ばれており，面 A_1 と A_2 の間の幾何学的な関係のみから決定される．物理的には，F_{12} は，面 A_1 から放出された全放射エネルギーのうち，面 A_2 に直接到達するエネルギーの割合を表している．あ

るいは，F_{12} は，面 1 からの"全視野"のうち，面 2 がさえぎる部分の比率であるともいえる．この意味で，view factor とも呼ばれる．二つの黒体面間の放射による伝熱量は，この形態係数の値を知ることができれば，式(5·23)から容易に求めることができる．

なお，再度注意しておくが，放射伝熱の場合には，電磁波の形でエネルギーが移動するので，前章までの熱伝導や対流伝熱とは異なって，高温の面から低温の面へエネルギーが伝えられるだけではなく，低温の面から高温の面へもエネルギーが伝えられる．そして，上記のように，その正味として高温の面から低温の面へエネルギーが伝えられ，これが結果的に伝熱量として求められるものである．

式(5·23)は，面 A_2 を基準にとって表せば，次のように書き直せる．

$$Q = 5.67\left[\left(\frac{T_1}{100}\right)^4 - \left(\frac{T_2}{100}\right)^4\right]A_2 F_{21} \quad [\text{W}] \tag{5·25}$$

ここに，

$$F_{21} = \frac{1}{A_2}\int_{A_2}\int_{A_1}\frac{\cos\phi_1\cos\phi_2}{\pi r^2}dA_1 dA_2 \quad [\text{W}] \tag{5·26}$$

式(5·24)と式(5·26)から明らかなように，

$$A_1 F_{12} = A_2 F_{21} \tag{5·27}$$

あるいは，一般に n 個の面からなる系では，各面間で，

$$A_i F_{ij} = A_j F_{ji} \quad (i, j = 1, 2, \cdots, n) \tag{5·28}$$

さらに，形態係数の意味から考えて，1〜n の面で閉じた空間を形成しているとき，次の関係がなりたつ．

$$\sum_{j=1}^{n} F_{ij} = 1 \quad (i = 1, 2, \cdots, n) \tag{5·29}$$

また，たとえば，面 2 が面 2′ と面 2″ とから構成されている場合に，

$$F_{12} = F_{12'} + F_{12''} \tag{5·30}$$

式(5·27)〜式(5·30)は他の形態係数の値から当該の形態係数を求める際に役立つ関係である．

いくつかの典型的な場合の形態係数の計算結果[1]を図 5·3 〜図 5·5 に示す．

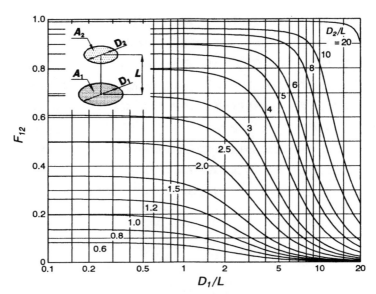

図 5・3 平行円形平面間の形態係数

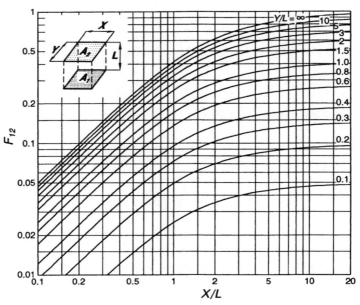

図 5・4 平行長方形平面間の形態係数

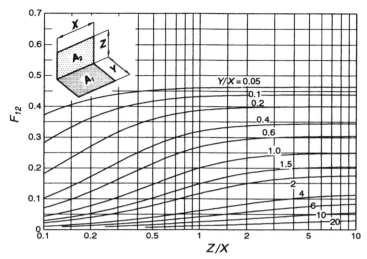

図 5・5 直交長方形平面間の形態係数

〔例題 5・1〕

50 cm × 100 cm の二つの長方形の黒体面が 50 cm の距離で向きあって平行に置かれている．一方の面は 100°C，他方の面は 500°C の温度に保たれている．二つの面の間の放射による正味の交換熱量を求めよ．

〔解〕

$$\frac{X}{L} = \frac{100}{50} = 2.0, \quad \frac{Y}{L} = \frac{50}{50} = 1.0$$

図 5・4 から，$F_{12} = 0.285$

$$A_1 = 0.50 \times 1.00 = 0.50 \text{ m}^2$$
$$T_1 = 500 + 273 = 773 \text{ K} \qquad T_2 = 100 + 273 = 373 \text{ K}$$

式 (5・23) から，

$$Q = 5.67\left[\left(\frac{T_1}{100}\right)^4 - \left(\frac{T_2}{100}\right)^4\right] A_1 F_{12} = 5.67 \times (7.73^4 - 3.73^4) \times 0.50 \times 0.285$$
$$= 2.73 \times 10^3 \text{ W} = 2.73 \text{ kW}$$

〔例題 5・2〕

図 5・6 に示す (a) と (b) の場合について，形態係数 F_{12} を求めよ．

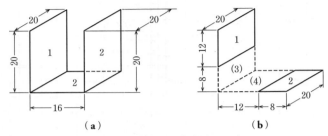

図 5・6　例題 5・2 の系（単位：cm）

〔解〕

図 5・4 および図 5・5 の線図を利用して求める．

(a) の場合：

面 2 の二面のうち，面 1 と向き合った面を 2′，面 1 と直交した面を 2″ とする．

$$F_{12} = F_{12'} + F_{12''}$$

$F_{12'}$：$X = Y = 20$ cm，$L = 16$ cm，$\therefore \dfrac{X}{L} = \dfrac{Y}{L} = 1.25$

　　図 5・4 から，$F_{12'} = 0.26$

$F_{12''}$：$X = Y = 20$ cm，$Z = 16$ cm，$\therefore \dfrac{Y}{X} = 1.0$，$\dfrac{Z}{X} = 0.8$

　　図 5・5 から，$F_{12''} = 0.185$

$\therefore\ F_{12} = 0.26 + 0.185 = 0.445$

注：あいている三方に三つの面（面 3 とする）を置き，面 1 を完全に囲むと，面 3 のそれぞれの面は面 1 に対し面 2″ と同じ条件だから，

$$F_{13} = 3 \times F_{12''} = 0.555$$

$\therefore\ F_{11} + F_{12} + F_{13} = 0 + 0.445 + 0.555 = 1.00$　　〔式(5・29)参照〕

(b) の場合：

図 5・6(b) のように，面 3 と面 4 を仮想し，面 1 と面 3 を合わせて面 I，面 2 と面 4 を合わせて面 II とする．

$$A_\mathrm{I} F_\mathrm{I\,II} = A_1 F_{1\,\mathrm{II}} + A_3 F_{3\,\mathrm{II}} \tag{1}$$

$$\therefore\ A_{\mathrm{II}}F_{\mathrm{II\,I}} = A_{\mathrm{II}}F_{\mathrm{II\,1}} + A_{\mathrm{II}}F_{\mathrm{II\,3}}$$

$$A_{\mathrm{II}}F_{\mathrm{II\,1}} = A_{\mathrm{I}}F_{\mathrm{I\,II}}$$

$$A_{\mathrm{II}}F_{\mathrm{II\,1}} = A_1 F_{1\,\mathrm{II}}$$

$$A_{\mathrm{II}}F_{\mathrm{II\,3}} = A_3 F_{3\,\mathrm{II}}$$

一方，

$$A_1 F_{1\,\mathrm{II}} = A_1 F_{12} + A_1 F_{14} \tag{2}$$

$$A_\mathrm{I} F_{\mathrm{I}\,4} = A_1 F_{14} + A_3 F_{34} \tag{3}$$

式(1)，式(2)および式(3)から，

$$A_\mathrm{I} F_{\mathrm{I\,II}} = A_1 F_{12} + A_\mathrm{I} F_{\mathrm{I}\,4} - A_3 F_{34} + A_3 F_{3\,\mathrm{II}}$$

$$\therefore\ F_{12} = \frac{1}{A_1}(A_\mathrm{I} F_{\mathrm{I\,II}} + A_3 F_{34} - A_\mathrm{I} F_{\mathrm{I}\,4} - A_3 F_{3\,\mathrm{II}})$$

$$A_1 = 240\ \mathrm{cm}^2, \quad A_3 = 160\ \mathrm{cm}^2, \quad A_\mathrm{I} = 400\ \mathrm{cm}^2$$

図 **5·5** から，

$$F_{\mathrm{I\,II}}:Y/X=1.0, \quad Z/X=1.0 \quad \therefore\ F_{\mathrm{I\,II}}=0.20$$

$$F_{34}:Y/X=0.4, \quad Z/X=0.6 \quad \therefore\ F_{34}=0.285$$

$$F_{\mathrm{I}\,4}:Y/X=1.0, \quad Z/X=0.6 \quad \therefore\ F_{\mathrm{I}\,4}=0.165$$

$$F_{3\,\mathrm{II}}:Y/X=0.4, \quad Z/X=1.0 \quad \therefore\ F_{3\,\mathrm{II}}=0.315$$

$$\therefore\ F_{12} = \frac{1}{240}(400\times 0.20 + 160\times 0.285 - 400\times 0.165 - 160\times 0.315) = 0.0383$$

5·3 灰色面間の放射伝熱

5·3·1 灰色面における熱放射

　前に述べたように，現実に存在する物体は，厳密には灰色体の性質をもっていないが，実際上は灰色体とみなして近似的な取り扱いをするのが普通である．灰色体では吸収率が1より小さいので，入射してきた放射エネルギーの一部分は表面で反射される．反射された放射エネルギーは，さらに他の面でその一部分が反射され，このように次々に反射されながら物体に吸収されていく．したがって，灰色面間の放射伝熱は，黒体面間の場合に比べて，非常に複雑である．

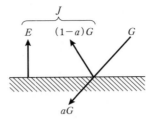

図 5・7 灰色面における放射エネルギーの出入り

まず，ある一つの灰色面における放射エネルギーの出入りを考える（図 5・7 参照）．

J：単位面積，単位時間あたりに面を出ていく全放射エネルギー（radiosity）
　　$[W/m^2]$

G：単位面積，単位時間あたりに面に入射してくる全放射エネルギー（irradiation）
　　$[W/m^2]$

とすれば，

$$J = E + (1-a)G = \varepsilon E_B + (1-\varepsilon)G \quad [W/m^2] \tag{5・31}$$

面積 A $[m^2]$ の均一温度の灰色面から出ていく正味の放射エネルギー Q は，

$$Q = JA - GA \quad [W] \tag{5・32}$$

式(5・31)と式(5・32)から G を消去すると，

$$Q = \frac{E_B - J}{\dfrac{1-\varepsilon}{\varepsilon A}} \quad [W] \tag{5・33}$$

したがって，$\dfrac{1-\varepsilon}{\varepsilon A}$ は**放射に対する物体表面での抵抗**とみなしてよい（図 5・8 参照）．この抵抗は面が黒体でないために生じるものであり，黒体（$\varepsilon = 1$）の場合には，この抵抗は存在せず，$J = E_B$ である．

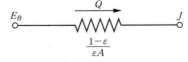

図 5・8 灰色体表面における放射に対する抵抗

5·3·2 二面からなる系の場合

灰色面1と灰色面2との間の放射伝熱を考える．

面1を出ていく放射エネルギー $J_1 A_1$ のうち面2に入射するエネルギーは $J_1 A_1 F_{12}$ であり，面2を出ていく放射エネルギー $J_2 A_2$ のうち面1に入射するエネルギーは $J_2 A_2 F_{21}$ であるから，面1から面2に放射によって伝わる正味の熱量 Q は次式で表される．

$$Q = J_1 A_1 F_{12} - J_2 A_2 F_{21} \quad [\text{W}] \tag{5·34}$$

式(5·27)から，$A_1 F_{12} = A_2 F_{21}$ だから，

$$Q = (J_1 - J_2) A_1 F_{12} \quad [\text{W}] \tag{5·35}$$

あるいは，この式を書き直して，

$$Q = \frac{J_1 - J_2}{\dfrac{1}{A_1 F_{12}}} \quad [\text{W}] \tag{5·36}$$

したがって，$\dfrac{1}{A_1 F_{12}}$ は面1と面2の間の**放射伝熱に対する空間での抵抗**とみなしてよい（図 5·9 参照）．黒体の場合には，前述の表面における抵抗はなくて，この空間における抵抗のみである〔式(5·23)参照〕．

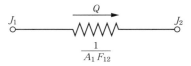

図 5·9 放射伝熱に対する空間での抵抗

式(5·36)と前節で述べた式(5·33)とを併せて考えれば，二つの灰色面間の放射伝熱は，図 5·10 のような等価回路を考えればよいことになる．

図 5·10 の等価回路から，放射による正味の伝熱量 Q を式で表せば，次のようになる．

$$Q = \frac{E_{B1} - E_{B2}}{\dfrac{1-\varepsilon_1}{\varepsilon_1 A_1} + \dfrac{1}{A_1 F_{12}} + \dfrac{1-\varepsilon_2}{\varepsilon_2 A_2}} \quad [\text{W}] \tag{5·37}$$

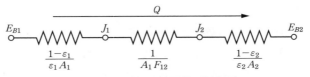

図 5・10　二面間の放射伝熱の等価回路

式(5・37)に式(5・7)を代入すると，結局，二面からなる系の放射伝熱量に関する一般式として，次式が得られる．

$$Q = \frac{5.67\left[\left(\frac{T_1}{100}\right)^4 - \left(\frac{T_2}{100}\right)^4\right]}{\frac{1-\varepsilon_1}{\varepsilon_1 A_1} + \frac{1}{A_1 F_{12}} + \frac{1-\varepsilon_2}{\varepsilon_2 A_2}} \quad [\text{W}] \tag{5・38}$$

以下に，式(5・38)をいくつかの特定の場合に適用してみる．

（1）**十分長い同心円柱あるいは同心球の場合**（内側の円柱または球の表面を 1 とする）

式(5・38)において，$F_{12}=1$

$$Q = \frac{5.67}{\frac{1}{\varepsilon_1} + \frac{A_1}{A_2}\left(\frac{1}{\varepsilon_2} - 1\right)}\left[\left(\frac{T_1}{100}\right)^4 - \left(\frac{T_2}{100}\right)^4\right] A_1 \quad [\text{W}] \tag{5・39}$$

（2）**無限平行二平面，すなわち，面の広さに比べて両面の間隔が十分に小さい平行二平面の場合**（一方の平面を 1 とする）

式(5・38)において，$F_{12}=1$，$A_1 = A_2 = A$

$$Q = \frac{5.67}{\frac{1}{\varepsilon_1} + \frac{1}{\varepsilon_2} - 1}\left[\left(\frac{T_1}{100}\right)^4 - \left(\frac{T_2}{100}\right)^4\right] A \quad [\text{W}] \tag{5・40}$$

（3）**比較的小さい物体**（面 1）**が他の大きい表面**（面 2）**で完全に囲まれている場合**

式(5・38)において，$F_{12}=1$，$A_1 \ll A_2$　すなわち，$A_1/A_2 \fallingdotseq 0$

$$Q = 5.67\varepsilon_1 \left[\left(\frac{T_1}{100}\right)^4 - \left(\frac{T_2}{100}\right)^4\right] A_1 \quad [\text{W}] \tag{5・41}$$

〔例題 5・3〕

炉の中に直径 50 mm，長さ 1000 mm，放射率 0.92 の鉄棒がつるされている．炉壁の温度が 1500 K，鉄棒の温度が 500 K のとき，放射で伝わる熱量を求めよ．

〔解〕

$$A_1 = \pi DL + 2 \times \frac{\pi}{4}D^2 = 0.050\pi\left(1.000 + \frac{2}{4} \times 0.050\right) = 0.161 \text{ m}^2$$

式 (5・41) から，

$$Q = 5.67\varepsilon_1\left[\left(\frac{T_1}{100}\right)^4 - \left(\frac{T_2}{100}\right)^4\right]A_1 = 5.67 \times 0.92 \times (5.00^4 - 15.00^4) \times 0.161$$

$$= -4.2 \times 10^4 \text{ W} \quad (\text{鉄棒から炉壁へ})$$

したがって，炉壁から鉄棒に放射で伝わる熱量は，

$$Q = 4.2 \times 10^4 \text{ W} = 42 \text{ kW}$$

〔例題 5・4〕

炉壁の温度が 1300°C の加熱炉内に長さ 2.0 m，直径 1.0 cm の銅棒〔放射率 0.40，密度 8900 kg/m^3，比熱 0.40 kJ/(kg·K)〕を投入する．銅棒の最初の温度が 30°C のとき，棒の温度が 400°C になるまでの時間は大略いくらか．ただし，対流による伝熱は無視してよい．

〔解〕

銅棒は各時刻で均一な温度であると仮定する．

棒の表面積　$A_1 = \pi DL + 2 \times \dfrac{\pi}{4}D^2 = 0.010\pi\left(2.0 + \dfrac{2}{4} \times 0.010\right) = 0.063 \text{ m}^2$

棒の熱容量　$C = \dfrac{\pi}{4}D^2 L\rho = \dfrac{\pi}{4} \times 0.010^2 \times 2.0 \times 0.40 \times 8900 = 0.56 \text{ kJ/K}$

放射による棒の受熱量は，式 (5・41) から算出できる．

炉壁　$T_2 = 1300 + 273 = 1573 \text{ K}$

始め　$T_{1\text{I}} = 30 + 273 = 303 \text{ K}$

$$Q_{\text{I}} = 5.67\varepsilon_1\left[\left(\frac{T_2}{100}\right)^4 - \left(\frac{T_{1\text{I}}}{100}\right)^4\right]A_1$$

$$= 5.67 \times 0.40 \times (15.73^4 - 3.03^4) \times 0.063$$

$$= 8.74 \times 10^3 \text{ W} = 8.74 \text{ kW}$$

終り　$T_{1\text{II}} = 400 + 273 = 673 \text{ K}$

$$Q_{\text{II}} = 5.67 \times 0.40 \times (15.73^4 - 6.73^4) \times 0.063$$
$$= 8.45 \times 10^3 \text{ W} = 8.45 \text{ kW}$$

平均　$Q = \dfrac{Q_{\text{I}} + Q_{\text{II}}}{2} = \dfrac{8.74 + 8.45}{2} = 8.6 \text{ kW}$

棒を30°Cから400°Cに加熱するのに必要な熱量は，

$$C(T_{1\text{II}} - T_{1\text{I}}) = 0.56 \times (400 - 30) \text{ kJ}$$

したがって，所要時間 t は，

$$t = \frac{C(T_{1\text{II}} - T_{1\text{I}})}{Q} = \frac{0.56 \times 370}{8.6} = 24 \text{ 秒}$$

〔例題 5·5〕

ある平板が宇宙船の側面に付けられており，平板と宇宙船本体の間は完全に熱絶縁されている．太陽からの放射熱流束は太陽光線に垂直な面上で1354 W/m^{2}であり，平板の垂直方向と太陽光線とのなす角は30度である．平衡状態における平板の温度〔°C〕を求めよ．ただし，宇宙空間は，何らの物質も存在しない真空であり，放射に関しては温度0Kの黒体であるとみなしてよい．

〔解〕

平板の温度を T，表面積を A，吸収率を a，放射率を ε とする．

平板が吸収する太陽からの放射エネルギー Q_1 は，

$$Q_1 = 1354 \cos 30° \times aA = 1173 aA \quad \text{W}$$

平板が宇宙空間に放出する放射エネルギー Q_2 は，式(5·41)から，

$$Q_2 = 5.67\varepsilon\left[\left(\frac{T}{100}\right)^4 - 0^4\right]A = 5.67\varepsilon\left(\frac{T}{100}\right)^4 A \quad \text{W}$$

宇宙空間は真空であるから，対流伝熱はない．

平衡状態では，

$$Q_1 = Q_2 \quad \therefore \quad 1173 aA = 5.67\varepsilon\left(\frac{T}{100}\right)^4 A$$

$a = \varepsilon$ であるから，上式から，

$$T = 100\left(\frac{1173}{5.67}\right)^{1/4} = 379 \text{ K} = 106°\text{C}$$

〔例題 5・6〕

表面温度が 60°C に保たれた表面積 0.60 m^2 の温水タンクがある．タンクの表面の放射率は 0.95 である．いま，この表面にアルミニウムペンキを塗ってその放射率を 0.50 にしたとき，放射による損失熱量はどれだけ少なくなるか．ただし，外気の温度は 15°C とする．

〔解〕

温水タンクは大気および大気と同じ温度の地面やその他の物体表面から囲まれているとみなす．大気の層は非常に厚いので，気体ではあるが，放射線を放射・吸収する面と仮想してよい．したがって，式(5・41)から，

ペンキを塗る前　　$Q_\text{I} = 5.67\varepsilon_{1\text{I}}\left[\left(\dfrac{T_1}{100}\right)^4 - \left(\dfrac{T_2}{100}\right)^4\right]A_1$

ペンキを塗った後　$Q_\text{II} = 5.67\varepsilon_{1\text{II}}\left[\left(\dfrac{T_1}{100}\right)^4 - \left(\dfrac{T_2}{100}\right)^4\right]A_1$

損失熱量の減少量 ΔQ は，

$$\Delta Q = Q_\text{I} - Q_\text{II} = 5.67(\varepsilon_{1\text{I}} - \varepsilon_{1\text{II}})\left[\left(\frac{T_1}{100}\right)^4 - \left(\frac{T_2}{100}\right)^4\right]A_1$$
$$= 5.67 \times (0.95 - 0.50) \times \left[\left(\frac{60+273}{100}\right)^4 - \left(\frac{15+273}{100}\right)^4\right] \times 0.60 = 83 \text{ W}$$

あるいは，損失熱量の減少割合は，

$$\frac{Q_\text{I} - Q_\text{II}}{Q_\text{I}} = 1 - \frac{Q_\text{II}}{Q_\text{I}} = 1 - \frac{\varepsilon_{1\text{II}}}{\varepsilon_{1\text{I}}} = 1 - \frac{0.50}{0.95} = 0.47 = 47\%$$

〔例題 5・7〕

内径 5.0 mm，内表面の放射率 0.60 の長い円筒の中心に，外径 0.5 mm，放射率 0.75 の細長い針金が置かれている．対流がまったく起こらないと仮定した場合に，放射と伝導による全伝熱量に対する放射のみによる伝熱量の比を，次の二つの場合について求めよ．

(**1**) 針金の温度が 600°C, 円筒の温度が 100°C のとき

(**2**) 針金の温度が 1000°C, 円筒の温度が 500°C のとき

ただし，円筒内には熱伝導率 0.040 W/(m・K) の放射エネルギーを吸収しない気体が充満しているものとする．

〔**解**〕

$$A_1 = \pi D_1 L = 0.0005\,\pi L = 0.00157\,L \text{ m}^2$$
$$A_2 = \pi D_2 L = 0.0050\,\pi L = 0.0157\,L \text{ m}^2$$

(**1**)の場合：

放射による伝熱量 Q_r は，式(**5・39**)から，

$$\frac{Q_r}{L} = \frac{5.67}{\dfrac{1}{\varepsilon_1} + \dfrac{A_1}{A_2}\left(\dfrac{1}{\varepsilon_2}-1\right)} \left[\left(\frac{T_1}{100}\right)^4 - \left(\frac{T_2}{100}\right)^4\right]\frac{A_1}{L}$$

$$= \frac{5.67}{\dfrac{1}{0.75} + \dfrac{0.00157}{0.0157}\left(\dfrac{1}{0.60}-1\right)} \times \left[\left(\frac{600+273}{100}\right)^4 - \left(\frac{100+273}{100}\right)^4\right] \times 0.00157$$

$$= 35.7 \text{ W/m}$$

伝導による伝熱量 Q_c は，式(**2・33**)から，

$$\frac{Q_c}{L} = \frac{2\pi\lambda}{\ln\dfrac{D_2}{D_1}}(T_1-T_2) = \frac{2\pi \times 0.040}{\ln\dfrac{0.0050}{0.0005}} \times (600-100) = 54.6 \text{ W/m}$$

$$\therefore \quad \frac{Q_r}{Q_r + Q_c} = \frac{35.7}{35.7 + 54.6} = 0.40 = 40\%$$

(**2**)の場合：

同様にして，

$$\frac{Q_r}{L} = \frac{5.67}{\dfrac{1}{0.75} + \dfrac{0.00157}{0.0157}\left(\dfrac{1}{0.60}-1\right)} \times (12.73^4 - 7.73^4) \times 0.00157 = 144 \text{ W/m}$$

伝導による伝熱量 Q_c/L は，温度差 $T_1 - T_2$ が(**1**)の場合と同じで，熱伝導率も一定であるから，(**1**)の場合と同じ 54.6 W/m である．

$$\therefore \quad \frac{Q_r}{Q_r + Q_c} = \frac{144}{144 + 54.6} = 0.73 = 73\%$$

注：この例題から明らかなように，温度が高くなるほど，一般に放射による伝熱が重要になってくる．

〔例題 5・8〕
狭い間隔で平行に置かれた広い平板1と2がある．いま，この二つの平板の中間に非常に薄くて広い平板3を挿入したとき，放射による伝熱量は挿入しないときの何%になるか．ただし，平板1，2および3の放射率をそれぞれ0.80，0.50および0.20とする．

〔解〕
平板3がない場合に，平板1から平板2に放射により伝わる熱量 Q_{12} は，式(5・40)から，

$$Q_{12} = \frac{5.67}{\frac{1}{\varepsilon_1}+\frac{1}{\varepsilon_2}-1}\left[\left(\frac{T_1}{100}\right)^4-\left(\frac{T_2}{100}\right)^4\right]A \tag{1}$$

平板3を挿入したとき，平板1から平板3に放射により伝わる熱量 Q_{13} は，同様に，

$$Q_{13} = \frac{5.67}{\frac{1}{\varepsilon_1}+\frac{1}{\varepsilon_3}-1}\left[\left(\frac{T_1}{100}\right)^4-\left(\frac{T_3}{100}\right)^4\right]A \tag{2}$$

同じく，平板3から平板2に放射により伝わる熱量 Q_{32} は，

$$Q_{32} = \frac{5.67}{\frac{1}{\varepsilon_3}+\frac{1}{\varepsilon_2}-1}\left[\left(\frac{T_3}{100}\right)^4-\left(\frac{T_2}{100}\right)^4\right]A \tag{3}$$

ただし，いまの場合，平板3は非常に薄いので，平板内の熱伝導の抵抗は無視して，平板3の両面の温度は等しいと考えている．平板1から平板3を経て平板2に放射により伝わる熱量を Q_{132} とする．定常状態を考えると，$Q_{13}=Q_{32}=Q_{132}$ だから，式(2)と式(3)から T_3 を消去して，

$$Q_{132} = \frac{5.67}{\frac{1}{\varepsilon_1}+\frac{1}{\varepsilon_2}+\frac{2}{\varepsilon_3}-2}\left[\left(\frac{T_1}{100}\right)^4-\left(\frac{T_2}{100}\right)^4\right]A \tag{4}$$

式(1)と式(4)から，

$$\frac{Q_{132}}{Q_{12}} = \frac{\frac{1}{\varepsilon_1}+\frac{1}{\varepsilon_2}-1}{\frac{1}{\varepsilon_1}+\frac{1}{\varepsilon_2}+\frac{2}{\varepsilon_3}-2} = \frac{\frac{1}{0.80}+\frac{1}{0.50}-1}{\frac{1}{0.80}+\frac{1}{0.50}+\frac{2}{0.20}-2} = 0.200 = 20.0\%$$

注：二面間の放射伝熱量を減少させるためには，反射率の大きい（したがって放射率の小さい）物体表面を用いればよい（例題 **5・6** 参照）が，もう一つの有効な方法は，上の例題から明らかなように，二面の間に第三の薄い板（これを**防熱板**という）を置くことである．すなわち，間に板を置くと，図 **5・11** に示すように，その分，放射伝熱に対する抵抗が増すことになり，伝熱量は減少する．

なお，上の例題の場合，$A_1 = A_2 = A_3 = A$，$F_{13} = F_{23} = 1$，$\varepsilon_{3'} = \varepsilon_3$ であるので，図 **5・11** の等価回路から，放射伝熱の抵抗は

$$\left(\frac{1-\varepsilon_1}{\varepsilon_1}+1+\frac{1-\varepsilon_3}{\varepsilon_3}+\frac{1-\varepsilon_3}{\varepsilon_3}+1+\frac{1-\varepsilon_2}{\varepsilon_2}\right)\frac{1}{A} = \left(\frac{1}{\varepsilon_1}+\frac{1}{\varepsilon_2}+\frac{2}{\varepsilon_3}-2\right)\frac{1}{A}$$

となり，これからも式(**4**)が導かれる．

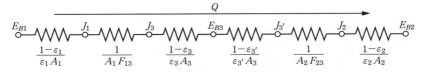

図 5・11　二面間に防熱板を置いたときの放射伝熱の等価回路

〔例題 **5・9**〕

温度 10°C の大きい部屋の空中に水平に配置されている円管の内部を温度 150°C の飽和水蒸気が流れている．管の外径は 76 mm，管外表面の放射率は 0.80 である．この管 1 m あたりの損失熱量を求めよ．ただし，管内側と管壁内の熱抵抗は，管外側の熱抵抗に比べて十分小さいので，無視できるものとする．

〔解〕

管内側と管壁内の熱抵抗が無視できるので，管外表面の温度は 150 °C であるとみなせる．

例題 **3・13** から，管外側の熱伝達率 $\alpha = 8.1 \text{ W/(m}^2\cdot\text{K)}$ である．したがって，対流による伝熱量 Q_c は，

$$\frac{Q_c}{L} = \alpha(T_w - T_b)\pi D = 8.1 \times (150 - 10) \times 0.076\pi = 271 \text{ W/m}$$

円管表面から部屋の壁（温度10°Cとみなしてよい）への正味の放射伝熱量 Q_r は，式(**5・41**)から，

$$\frac{Q_r}{L} = 5.67\varepsilon_w\left[\left(\frac{T_w}{100}\right)^4 - \left(\frac{T_b}{100}\right)^4\right]\pi D$$

$$= 5.67 \times 0.80 \times \left[\left(\frac{150+273}{100}\right)^4 - \left(\frac{10+273}{100}\right)^4\right] \times 0.076\pi = 277 \text{ W/m}$$

したがって，

$$\frac{Q}{L} = \frac{Q_c}{L} + \frac{Q_r}{L} = 271 + 277 = 548 \text{ W/m}$$

〔例題 **5・10**〕

太陽光線に直角に置かれ，かつその裏面は保温材で完全に断熱されている広い金属板がある．太陽からの放射熱は 1000 W/m^2，金属板の放射率は0.50，金属板から大気への熱伝達率は $5.8 \text{ W/(m}^2\cdot\text{K)}$，大気温度は10°Cである．平衡状態におけるこの金属板の温度を求めよ．

〔解〕

$$\varepsilon_w = 0.50, \quad q_0 = 1000 \text{ W/m}^2, \quad T_b = 10°\text{C} = 283 \text{ K}, \quad \alpha = 5.8 \text{ W/(m}^2\cdot\text{K)}$$

金属板が受け取る熱量 Q_{in} は，

$$\frac{Q_{\text{in}}}{A} = a_w q_0 = \varepsilon_w q_0 = 0.50 \times 1000 = 500 \text{ W/m}^2$$

金属板が放出する熱量 Q_{out} は，温度10°Cの大気への対流による伝熱量 Q_c と放射による伝熱量 Q_r の和である．

$$\frac{Q_{\text{out}}}{A} = \frac{Q_c + Q_r}{A}$$

Q_r については式(**5・41**)が適用できるので，

$$\frac{Q_{\text{out}}}{A} = \alpha(T_w - T_b) + 5.67\varepsilon_w\left[\left(\frac{T_w}{100}\right)^4 - \left(\frac{T_b}{100}\right)^4\right]$$

$$= 5.8 \times (T_w - 283) + 5.67 \times 0.50 \times \left[\left(\frac{T_w}{100}\right)^4 - \left(\frac{283}{100}\right)^4\right] \quad \text{W/m}^2$$

平衡状態では，$Q_{\text{in}}/A = Q_{\text{out}}/A$ であるから，

$$5.8 \times (T_w - 283) + 2.835 \times \left[\left(\frac{T_w}{100}\right)^4 - 64.1\right] = 500$$

$x = \dfrac{T_w}{100}$ とおくと，上式は，

$$580x - 1641 + 2.835x^4 - 181 = 500$$

$$\therefore \quad 2.835x^4 + 580x = 2322$$

この4次方程式を繰り返し計算（逐次近似法）で解く．この式を書き直すと，

$$x = 4.00 - 0.00489x^4$$

初めの仮定値 x_1 として，x^4 の項を無視した x の値を用いる．

$x_1 = 4.00$

$x_2 = 4.00 - 0.00489x_1{}^4 = 2.75$

仮定：$x_3 = (x_1 + x_2)/2 = 3.38$

$x_4 = 4.00 - 0.00489\ x_3{}^4 = 3.36$

仮定：$x_5 = (x_3 + x_4)/2 = 3.37$

$x_6 = 4.00 - 0.00489x_5{}^4 = 3.37$

$\therefore \quad x = 3.37$

$\therefore \quad T_w = 337 \text{ K} = 64°\text{C}$

〔例題 5・11〕

外径 100 mm，長さ 10.0 m の蒸気輸送管の外側に厚さ 10 mm，熱伝導率 0.060 W/(m·K) の保温材を施した場合，この管からの放熱損失はいくらか．ただし，管外面温度を 200°C，外気温度を 0°C，保温材外面の放射率を 0.80，保温材外面と外気との間の熱伝達率を 6.20 W/(m²·K) とする．

〔解〕

$$T_i = 200°\text{C} = 473 \text{ K}, \quad T_b = 0°\text{C} = 273 \text{ K}$$

$\alpha = 6.20 \text{ W/(m}^2\cdot\text{K)}, \quad \varepsilon = 0.80, \quad \lambda = 0.060 \text{ W/(m}\cdot\text{K)}$

$R_i = 0.050 \text{ m}, \ R_o = 0.060 \text{ m}, \ L = 10.0 \text{ m}$

$A = 2\pi R_o L = 2\pi \times 0.060 \times 10.0 = 3.77 \text{ m}^2$

保温材内の伝導による伝熱量は，式(2・33)から，

$$Q = \frac{2\pi\lambda L}{\ln\dfrac{R_o}{R_i}}(T_i - T_o) = \frac{2\pi \times 0.060 \times 10.0}{\ln\dfrac{0.060}{0.050}}(473 - T_o) = 20.7 \times (473 - T_o) \text{ W}$$

保温材外表面における対流による伝熱量 Q_c は，

$$Q_c = \alpha(T_o - T_b)A = 6.20 \times (T_o - 273) \times 3.77 = 23.4 T_o - 6380 \text{ W}$$

保温材外表面から外気への放射による伝熱量 Q_r は，式(5・41)から，

$$Q_r = 5.67\varepsilon\left[\left(\frac{T_o}{100}\right)^4 - \left(\frac{T_b}{100}\right)^4\right]A = 5.67 \times 0.80 \times \left[\left(\frac{T_o}{100}\right)^4 - 2.73^4\right] \times 3.77$$

$$= 17.1\left(\frac{T_o}{100}\right)^4 - 950 \text{ W}$$

$Q = Q_c + Q_r$ であるから，

$$9790 - 20.7 T_o = 23.4 T_o - 6380 + 17.1 \times \left(\frac{T_o}{100}\right)^4 - 950$$

$x = \dfrac{T_o}{100}$ とおいて，上式を整理すると，

$$17.1 x^4 + 4410 x = 17120$$

この4次方程式を，前の例題 **5・10** の解と同様にして，繰り返し計算で解くと，

$x = 3.38$

∴ $T_o = 338 \text{ K}$

したがって，放熱量 Q は，

$$Q = 20.7 \times (473 - 338) = 2.8 \times 10^3 \text{ W} = 2.8 \text{ kW}$$

5・3・3 三以上の面からなる系の場合

三面以上の多面からなる系の場合も，前述の二面の場合と同様に等価回路を組み立てて考えればよい．たとえば，三面からなる系の場合には，一般に図 **5・12** に示した等価回路になる．この等価回路において，J_1，J_2，J_3 の値がわかれば，それぞれの面から

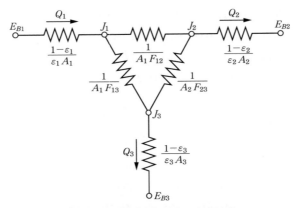

図 5・12 三面間の放射伝熱の等価回路

出ていく正味の放射エネルギー Q_1, Q_2, Q_3 を求めることができる．すなわち，たとえば，面1から出ていく正味の放射エネルギー Q_1 は，式(5・33)から，

$$Q_1 = \frac{E_{B1} - J_1}{\frac{1-\varepsilon_1}{\varepsilon_1 A_1}} = \frac{5.67\left(\frac{T_1}{100}\right)^4 - J_1}{\frac{1-\varepsilon_1}{\varepsilon_1 A_1}} \quad [\text{W}] \tag{5・42}$$

J_1, J_2, J_3 の値の求め方：

等価回路の各接点におけるエネルギーの収支を考える．

$$\left.\begin{array}{l} J_1\text{の点} \quad \dfrac{E_{B1}-J_1}{\dfrac{1-\varepsilon_1}{\varepsilon_1 A_1}} + \dfrac{J_2-J_1}{\dfrac{1}{A_1 F_{12}}} + \dfrac{J_3-J_1}{\dfrac{1}{A_1 F_{13}}} = 0 \\[2ex] J_2\text{の点} \quad \dfrac{E_{B2}-J_2}{\dfrac{1-\varepsilon_2}{\varepsilon_2 A_2}} + \dfrac{J_1-J_2}{\dfrac{1}{A_1 F_{12}}} + \dfrac{J_3-J_2}{\dfrac{1}{A_2 F_{23}}} = 0 \\[2ex] J_3\text{の点} \quad \dfrac{E_{B3}-J_3}{\dfrac{1-\varepsilon_3}{\varepsilon_3 A_3}} + \dfrac{J_1-J_3}{\dfrac{1}{A_1 F_{13}}} + \dfrac{J_2-J_3}{\dfrac{1}{A_2 F_{23}}} = 0 \end{array}\right\} \tag{5・43}$$

工業上よく生じる問題として，**二つの伝熱面と一つの接続断熱面からなる系**の場合がある．この場合に，接続断熱面を面3とすれば，この面から出ていく，あるいはこの面に入ってくる正味の熱量はない（$Q_3 = 0$）ので，式(5・32)から，$J_3 = G_3$．さらに

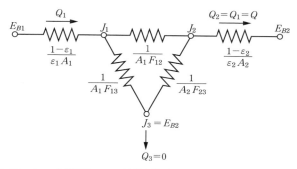

図 5・13 二つの伝熱面と一つの接続断熱面からなる系の放射伝熱の等価回路

式(**5・31**)から，$J_3 = E_{B3}$〔あるいは，式(**5・33**)から，$Q_3 = 0$ ならば，$J_3 = E_{B3}$〕．したがって，この場合の放射伝熱の等価回路は図 **5・13** のようになり，正味の伝熱は面1と面2の間でのみ行われる．そのとき，J_1 と J_2 の間の全抵抗 R_s は次のようになる．

$$\frac{1}{R_s} = \frac{1}{\dfrac{1}{A_1 F_{12}}} + \frac{1}{\dfrac{1}{A_1 F_{13}} + \dfrac{1}{A_2 F_{23}}}$$

$$= \frac{A_1(A_1 F_{12} F_{13} + A_2 F_{12} F_{23} + A_2 F_{13} F_{23})}{A_1 F_{13} + A_2 F_{23}} \quad [\text{m}^2] \tag{5・44}$$

面1から面2への放射伝熱量 Q は，

$$Q = \frac{E_{B1} - E_{B2}}{\dfrac{1-\varepsilon_1}{\varepsilon_1 A_1} + R_s + \dfrac{1-\varepsilon_2}{\varepsilon_2 A_2}} = \frac{5.67\left[\left(\dfrac{T_1}{100}\right)^4 - \left(\dfrac{T_2}{100}\right)^4\right]}{\dfrac{1-\varepsilon_1}{\varepsilon_1 A_1} + R_s + \dfrac{1-\varepsilon_2}{\varepsilon_2 A_2}} \quad [\text{W}] \tag{5・45}$$

もし，$F_{11} = 0$, $F_{22} = 0$ であれば，式(**5・29**)から，

$$F_{13} = 1 - F_{12}, \quad F_{23} = 1 - F_{21}$$

また，式(**5・27**)から，$A_2 F_{21} = A_1 F_{12}$ であるから，

$$R_s = \frac{A_1 + A_2 - 2A_1 F_{12}}{A_1(A_2 - A_1 F_{12}^2)} \quad [\text{m}^{-2}] \tag{5・46}$$

式(**5・46**)を式(**5・45**)に代入すると，

$$Q = \frac{5.67\left[\left(\frac{T_1}{100}\right)^4 - \left(\frac{T_2}{100}\right)^4\right]A_1}{\frac{A_1 + A_2 - 2A_1 F_{12}}{A_2 - A_1 F_{12}^2} + \left(\frac{1}{\varepsilon_1} - 1\right) + \frac{A_1}{A_2}\left(\frac{1}{\varepsilon_2} - 1\right)} \quad [\mathrm{W}] \qquad (5 \cdot 47)$$

〔例題 5・12〕

図 5・14 のように配置された平面 1(面積 3.0 m², 温度 1200°C, 放射率 0.96)と平面 2(面積 5.0 m², 温度 300°C, 放射率 0.85)およびそれらをつなぐ断熱耐火壁の面 3 によって空間が完全に囲まれている(図で紙面に平行な両側の面は面 3).面 1 の面 2 に対する形態係数は 0.158 である.放射により面 2 が受け取る熱量を求めよ.また,接続面 3 がない場合に面 2 が受け取る熱量を求め,接続面がある場合と比較せよ.

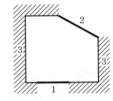

図 5・14 例題 5・12 の系

〔解〕

面 2 が受け取る熱量 Q は,面 3 は断熱壁であるから,面 1 から面 2 への伝熱量である.したがって,式(5・47)から,

$$Q = \frac{5.67\left[\left(\frac{T_1}{100}\right)^4 - \left(\frac{T_2}{100}\right)^4\right]A_1}{\frac{A_1 + A_2 - 2A_1 F_{12}}{A_2 - A_1 F_{12}^2} + \left(\frac{1}{\varepsilon_1} - 1\right) + \frac{A_1}{A_2}\left(\frac{1}{\varepsilon_2} - 1\right)}$$

$$= \frac{5.67\left[\left(\frac{1200+273}{100}\right)^4 - \left(\frac{300+273}{100}\right)^4\right] \times 3.0}{\frac{3.0 + 5.0 - 2 \times 3.0 \times 0.158}{5.0 - 3.0 \times 0.158^2} + \left(\frac{1}{0.96} - 1\right) + \frac{3.0}{5.0}\left(\frac{1}{0.85} - 1\right)}$$

$$= 4.95 \times 10^5 \ \mathrm{W} = 495 \ \mathrm{kW}$$

接続面がない場合の伝熱量 Q' は,式(5・38)から,

$$Q' = \frac{5.67\left[\left(\frac{T_1}{100}\right)^4 - \left(\frac{T_2}{100}\right)^4\right]}{\frac{1-\varepsilon_1}{\varepsilon_1 A_1} + \frac{1}{A_1 F_{12}} + \frac{1-\varepsilon_2}{\varepsilon_2 A_2}} = \frac{5.67 \times (14.73^4 - 5.73^4)}{\frac{1}{72} + \frac{1}{0.474} + \frac{3}{85}}$$

$$= 1.21 \times 10^5 \ \mathrm{W} = 121 \ \mathrm{kW}$$

$$\therefore \quad \frac{Q}{Q'} = \frac{495}{121} = 4.1$$

すなわち，接続断熱面がある場合，この面で反射される放射エネルギーが面2に入射するので，接続断熱面がない場合よりも面2は4.1倍多い熱量を受け取る．

〔**例題 5·13 ***〕

1.5 m × 3.0 m の二つの平板が 1.5 m 離して向きあって平行に置かれている．両平板の向きあった面の温度はそれぞれ 538°C と 260°C に保たれており，それらの面の放射率はそれぞれ 0.20 および 0.50 である．これらの板は非常に大きな室内にあり，その室の壁温は 60°C に維持されている．放射により二つの板と壁がそれぞれ得るまたは失う熱量を求めよ．ただし，両平板の向きあった面の裏側は完全に断熱されているものとする．

〔**解**〕

$$T_1 = 811 \text{ K}, \quad T_2 = 533 \text{ K}, \quad T_3 = 333 \text{ K}$$

$$\varepsilon_1 = 0.20, \quad \varepsilon_2 = 0.50, \quad A_1 = A_2 = 1.5 \times 3.0 = 4.5 \text{ m}^2$$

壁の面積は非常に大きいので，$(1-\varepsilon_3)/(\varepsilon_3 A_3) \simeq 0$

平行平面間の形態係数は，

$$\frac{X}{L} = \frac{3.0}{1.5} = 2.0, \qquad \frac{Y}{L} = \frac{1.5}{1.5} = 1.0$$

図 **5·4** から，

$$F_{12} = F_{21} = 0.285$$

$F_{11} = F_{22} = 0$ であるので，式 (**5·29**) から，

$$F_{13} = 1 - F_{12} = 1 - 0.285 = 0.715$$

$$F_{23} = 1 - F_{21} = 1 - 0.285 = 0.715$$

$$\therefore \quad \frac{1-\varepsilon_1}{\varepsilon_1 A_1} = \frac{1-0.20}{0.20 \times 4.5} = 0.889$$

$$\frac{1-\varepsilon_2}{\varepsilon_2 A_2} = \frac{1-0.50}{0.50 \times 4.5} = 0.222$$

$$\frac{1}{A_1 F_{12}} = \frac{1}{4.5 \times 0.285} = 0.780$$

$$\frac{1}{A_1 F_{13}} = \frac{1}{4.5 \times 0.715} = 0.311$$

$$\frac{1}{A_2 F_{23}} = \frac{1}{4.5 \times 0.715} = 0.311$$

したがって，いまの場合の等価回路は図 **5・15** のようになる．

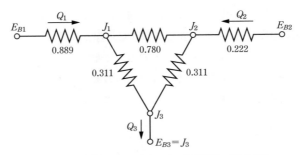

図 5・15 例題 5・13 の系における放射伝熱の等価回路

接点 J_1 と J_2 におけるエネルギー収支を考える．

$$\text{接点 } J_1 \ : \ \frac{E_{B1} - J_1}{0.889} + \frac{J_2 - J_1}{0.780} + \frac{E_{B3} - J_1}{0.311} = 0 \tag{1}$$

$$\text{接点 } J_2 \ : \ \frac{J_1 - J_2}{0.780} + \frac{E_{B3} - J_2}{0.311} + \frac{E_{B2} - J_2}{0.222} = 0 \tag{2}$$

一方，式(**5・7**)から，

$$E_{B1} = 5.67 \left(\frac{T_1}{100}\right)^4 = 5.67 \times 8.11^4 = 2.453 \times 10^4 \text{ W/m}^2 \tag{3}$$

$$E_{B2} = 5.67 \times 5.33^4 = 4.58 \times 10^3 \text{ W/m}^2 \tag{4}$$

$$E_{B3} = 5.67 \times 3.33^4 = 6.97 \times 10^2 \text{ W/m}^2 \tag{5}$$

式(**3**)，式(**4**)および式(**5**)を式(**1**)と式(**2**)に代入し，連立方程式を解くと，

$$J_1 = 6.08 \times 10^3 \text{ W/m}^2$$

$$J_2 = 3.41 \times 10^3 \text{ W/m}^2$$

平板 1 が失う熱量 Q_1 は，

$$Q_1 = \frac{E_{B1} - J_1}{\dfrac{1-\varepsilon_1}{\varepsilon_1 A_1}} = \frac{24.53 \times 10^3 - 6.08 \times 10^3}{0.889} = 20.75 \times 10^3 \text{ W} = 20.75 \text{ kW}$$

平板 2 が失う熱量 Q_2 は,

$$Q_2 = \frac{E_{B2} - J_2}{\dfrac{1-\varepsilon_2}{\varepsilon_2 A_2}} = \frac{4.58 \times 10^3 - 3.41 \times 10^3}{0.222} = 5.27 \times 10^3 \text{ W} = 5.27 \text{ kW}$$

壁が受け取る熱量 Q_3 は,

$$Q_3 = \frac{J_1 - J_3}{\dfrac{1}{A_1 F_{13}}} + \frac{J_2 - J_3}{\dfrac{1}{A_2 F_{23}}} = \frac{6.08 \times 10^3 - 0.70 \times 10^3}{0.311} + \frac{3.41 \times 10^3 - 0.70 \times 10^3}{0.311}$$

$$= 26.01 \times 10^3 \text{ W} = 26.01 \text{ kW}$$

あるいは,

$$Q_3 = Q_1 + Q_2 = 20.75 + 5.27 = 26.02 \text{ kW}$$

5・4 ガス放射

　気体と固体表面との間の放射伝熱が問題になる場合がある．たとえば，ボイラの燃焼室においては，高温の燃焼ガスから放射によって炉壁水管に熱が伝えられる．燃焼ガスは，通常主として，窒素，水蒸気，炭酸ガスおよび酸素からなりたっており，このうち窒素と酸素は熱放射線を完全に透過するとみなしてよいので問題にならないが，水蒸気と炭酸ガスは熱放射線を放射し，吸収するので，気体の層がある程度以上の厚さをもっている場合には，この放射が重要になる．これらの気体の放射率を，気体の絶対温度，水蒸気あるいは炭酸ガスの分圧，および気体層（ガス塊）の有効厚さの関数として，求めるための線図が作成されているが，ここではこれ以上の記述は省略する．

5章　演習問題

5・1 図 5・16 に示すような 3 平面からなる紙面と垂直方向に無限に長い系がある．この場合の形態係数 F_{12} を求めよ．

5・2 図 5・17 のように延長面上で直交している温度 300°C の平面 1 と温度 50°C の平面 2 がある（図中の寸法の単位は m）．両面とも黒体面であるとして，面 1 から面 2 への放射による正味の伝熱量を求めよ．

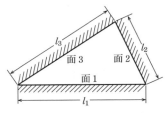

図 5・16　演習問題 5・1 の系

5・3 温度 200°C，面積 0.520 m^2，放射率 0.52 の面 1 と温度 10°C，面積 0.286 m^2 の黒体面 2 とがあり，面 2 の面 1 に対する形態係数 F_{21} は 0.209 である．面 1 から面 2 への放射による正味の伝熱量を求めよ．

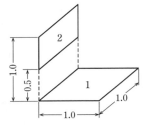

図 5・17　演習問題 5・2 の系

5・4 内部に電気ヒータを備えた直径 180 mm の球を内面を黒く塗った箱の中につり下げている．真空ポンプによって箱内を真空にした後，ヒータに 233 W の電力を加えて，定常状態になったときの球の表面と箱の内面の温度を測ったところ，それぞれ 235°C と 27°C であった．この球の放射率を求めよ．

5・5 放射率が 0.62 である金属製の薄い平板が宇宙船の側面に取り付けられている．太陽からの放射熱流束は太陽光線に垂直な面上で 1354 W/m^2 であり，平板の垂直方向と太陽光線とのなす角は 30 度である．平板の温度を 60°C に保つために平板の裏面を冷却するとすれば，その除熱の熱流束 [W/m^2] はいくらでないといけないか．ただし，平板は厚さ方向に均一な温度になっているとみなしてよい．また，宇宙空間は，何らの物質も存在しない真空であり，放射に関しては温度 0 K の黒体であるとみなしてよい．

5・6 液体窒素が外径 16.0 mm の長い管の中を流れている．管の外表面は一様な温度 −195°C であり，放射率は 0.030 である．この管を同心の内径 56.0 mm の管で覆い，真空ポンプによって両管の間を真空にした．外管の内面は一様な温度 16°C に保たれており，放射率は 0.050 である．この場合について，次の問いに答えよ．

(1) 内管の単位長さあたりの受熱量はいくらか．

(2) 受熱量を減少させるために，両管の間に新たに肉厚が極めて薄い直径 36.0 mm の金属製の管を同心にして挿入する．この管の内外面の放射率はともに 0.020 である．この場合の内管の受熱量は，（1）の場合に比べて何 % 減少するか．

(3) （2）で挿入した管の径を変えると，直径 36.0 mm の場合に比べて，内管の受熱量はどう変わるか．

5・7 大きい部屋の空中に直径 1.0 cm の長い丸棒が置かれている．棒の内部では単位長さあたり 140 W/m の熱量が発生しており，棒の表面の温度は 200°C に保たれている．このとき，棒から空気への対流による熱伝達率はいくらになっていると推定されるか．ただし，棒の表面の放射率は 0.80 であり，部屋の壁，床，天井および部屋内の空気の温度はいずれも 20°C である．

5・8 ダクト内を 3.80 m/s で流れている高温の空気の温度を測定するために，ダクト内の中心付近にシース熱電対を挿入している．熱電対のシースの直径および放射率はそれぞれ 2.0 mm および 0.18 であり，ダクト壁内面の温度は 390°C である．熱電対は 550°C の温度を指示しているが，このときの空気の真の温度は何 °C であると考えられるか．シース熱電対と空気との間の対流の平均熱伝達率は，代表寸法にシース熱電対の直径を用いた次の無次元式で表されるものとする．

$$Nu = 0.51 Re^{0.5} Pr^{1/3}$$

5・9 炉の中に直径 0.96 mm，放射率 0.42 の小さい球がつるされている．炉壁の内面温度は 320°C，炉内ガスの温度は 980°C である．熱平衡状態における球の温度を求めよ．ただし，炉内ガスは熱放射線を完全に透過するとみなしてよい．小球とガスとの間の対流の熱伝達率は，代表寸法として小球の直径を用いたヌセルト数 $Nu = 2$ という関係で表されるものとし，ガスの熱伝導率は 0.0806 W/(m·K) である．

5・10 3 章の演習問題 **3・9** で，自動車の屋根から周囲（温度 30°C）への放射伝熱も考慮すると，屋根の温度は何 °C になっていると推定されるか．ただし，屋根の放射率は 0.45 である．

5・11 縦，横，高さがそれぞれ 3.0 m，3.0 m および 2.5 m の部屋があり，床が 300 K，天井が 290 K の温度に保たれている．他の側壁は完全に断熱されているものとし，すべての面の放射率を 0.80 としたとき，床と天井との間の放射による伝熱量はいくらになるか．

6
熱 交 換 器

6·1 熱交換器序論

　一つの流体から熱を取り，その熱を他の流体に与える装置を**熱交換器**（Heat exchanger）という．この場合に交換すべき熱量 Q は熱収支から次式で表される（図 **6·1** 参照）．

$$Q = W_h c_h (T_{h1} - T_{h2}) = W_c c_c (T_{c2} - T_{c1}) \quad [\text{W}] \tag{6·1}$$

ここに，W：質量流量 [kg/s]
　　　　c：流体の定圧比熱 [J/(kg·K)]
　　　　T：流体の温度 [K または °C]
　　　添字　h：高温流体
　　　　　　c：低温流体
　　　　　　1：熱交換器入口
　　　　　　2：熱交換器出口

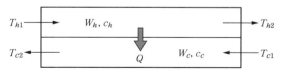

図 6·1 熱交換器の概念

　流体をある温度からある温度まで加熱または冷却するために熱交換器で交換すべき熱量は，熱力学の簡単な知識から得られる上記の式(**6·1**)によって容易に求められる．し

かしながら，そのような熱交換を行わせるためには，どのような大きさ（伝熱面積）の熱交換器が必要であるか，という問題を解決するためには，伝熱学の知識に基づく計算が必要である．ここでは，そのような問題の計算方法について考えることにするが，その前に，まず熱交換器にはどういうものがあるかについて概説しておく．

6・2 熱交換器の形式

熱交換器を熱交換方式と構造あるいは流体の流動方向によって分類すると，それぞれ次のような形式のものがある．

6・2・1 熱交換方式と構造による分類

熱交換器は熱交換の方式によって，表面式，蓄熱式および直接接触式の三つに大別される．さらに，その構造によって，表面式熱交換器は，多管式，プレート式，二重管式などに分類され，蓄熱式熱交換器も，回転式と切換式に分類される．

A. 表面式（隔壁式）熱交換器

固体壁を隔てて両流体が流れており，この壁を通しての熱通過によって熱交換が行われる形式の熱交換器である．熱交換器として最も一般的な形式のものである．

A.1 多管式熱交換器

多数の管を規則的に配列した管群からなる熱交換器．管の配列には碁盤目配列と千鳥配列がある（3・3・3 節参照）．この多管式には，次の二つの形式のものがある．

A.1.1 シェル・アンド・チューブ（shell and tube）形熱交換器

多数の管からなる管束を円筒形の胴（シェル）内に組み入れた熱交換器．管内を一方の流体が流れ，管外のシェル側を管に直交するように他方の流体が流れる（図 6・2 参照）．

A.1.2 フィン・チューブ（finned tube）形熱交換器

外側に種々の形状のフィンを付けた管（2・3・5 節および 2・4 節参照）を用いた多管式熱交換器．**チューブフィン形熱交換器**とも呼ばれる．このうち，狭い間隔で並べた薄板状のフィン群を管列が貫通している構造のものをとくに**フィン・**

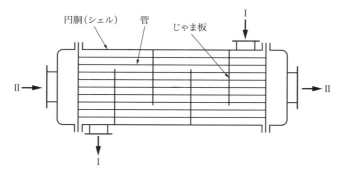

図6・2 シェル・アンド・チューブ形熱交換器

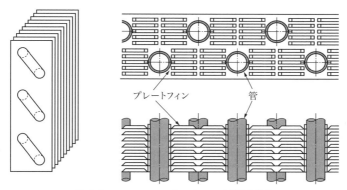

図6・3 フィン・アンド・チューブ形熱交換器

アンド・チューブ形または**プレートフィン・アンド・チューブ形熱交換器**と呼び（図6・3参照），空調機の熱交換器としてよく用いられている．

A.2 プレート式熱交換器

多数の薄い平板を縁にパッキングを挟んで重ね合わせて締め付け，これによってできた狭い長方形断面の空げきの一つおきに，それぞれ高温流体と低温流体を流して熱交換を行わせる形式の熱交換器〔図6・4(a)参照〕．薄板は平滑面のほかに，波状のリブや凹凸，あるいは突起を付けたものがよく用いられている．また，薄板の間に種々の形状のフィンをサンドイッチ状に挿入した**プレートフィン形熱交換器**〔図6・4(b)参照〕もある．これらはいずれも伝熱を促進して，熱交換器の小形化を図ったものである．

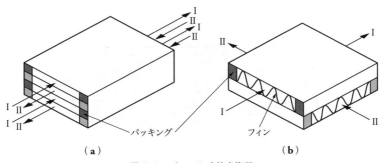

図 6・4 プレート式熱交換器

A.3 二重管式熱交換器

同心の二重管の内管内と環状間げきにそれぞれ温度の異なる流体が流れ，内管壁を通して熱交換が行われる形式の熱交換器（図 6・5 参照）．

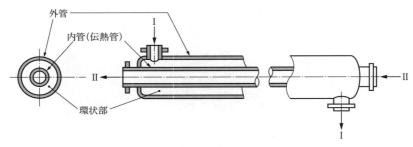

図 6・5 二重管式熱交換器

A.4 その他

円筒または箱形容器内に長い管を屈曲またはコイル状にして配置した**単管式熱交換器**や，円筒の周囲にジャケットを設けた**ジャケット式熱交換器**などがある．

B. 蓄熱式（再生式）熱交換器

固体の蓄熱体の大きい熱容量を利用して熱交換を行うようにした形式の熱交換器である．蓄熱体を交互に高温流体と低温流体に接触させ，高温流体と接触している間に熱を吸収して蓄熱体の内部に蓄え，次に低温流体と接触する間に蓄えた熱を低温流体に放出することによって熱交換を行う．

B.1 回転式熱交換器

多数の金属製の薄板から構成される蓄熱体が回転して，高温流体と低温流体に交互に触れるようになっている熱交換器〔図 6·6(a) 参照〕．たとえば，火力発電所におけるボイラの空気予熱器として用いられている．

B.2 切換式（固定式）熱交換器

バルブを切り換えることによって，高温流体と低温流体とを交互に熱交換器を通すようにしたもの〔図 6·6(b) 参照〕．この熱交換器を 2 台設置して，半周期ずらして運転すると，連続的に熱交換させうる．たとえば，蓄熱体として格子状に配置したれんがを用いるものが製鉄所の溶鉱炉用の空気予熱器に用いられている．

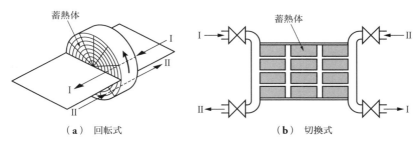

図 6·6　蓄熱式熱交換器

C. 直接接触式熱交換器

高温流体と低温流体とを直接接触させて熱交換を行わせる形式の熱交換器である．二流体間に固体壁が介在しないので，その分熱抵抗が小さく，また伝熱面汚損の心配もない．水と空気を直接接触させて水を冷却する冷却塔はその一例である．また，固体を介さないという点で同様な熱交換器として，高温流体と低温流体とを直接混合させることによって，一方の流体を加熱あるいは冷却する**混合式熱交換器**がある．この場合，両流体は同じ種類の流体でなければならない．水と水蒸気の場合が工業上よく用いられており，たとえば，蒸気動力プラントにおける混合式給水加熱器や噴射復水器などがある．

6·2·2 流動方向による分類

二つの流体の流れの方向と向きによって熱交換器を分類すると，次の四つの形式に分けられる．

A. **並流式熱交換器**
   二流体の流れが平行で同じ向きの熱交換器.
B. **向流式熱交換器**
   二流体の流れが平行で反対の向きの熱交換器. **対向流式熱交換器**ともいう. 図 6·2 に示す 1 シェルパス・1 チューブパスのシェル・アンド・チューブ形熱交換器や図 6·5 の二重管式熱交換器は向流式になっている. これらの図で, 矢印で示す II の流体の流れの向きが逆になれば, 並流式である.
C. **多重平行流式熱交換器**
   たとえば, 図 6·7 に示すシェル・アンド・チューブ形熱交換器では, I の流体はシェル側を 1 回で通過していく（1 シェルパスである）が, II の流体は, 管束の下半分の管の内部をまず左に向かって流れた後, 折り返して管束の上半分の管内を右に向

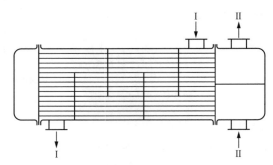

図 6·7 二重平行流式シェル・アンド・チューブ形熱交換器

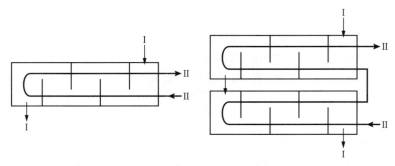

（a） 1 シェルパス・2 チューブパス　　（b） 2 シェルパス・4 チューブパス
図 6·8 多重平行流式熱交換器

かって流れており（2チューブパスになっている），熱交換器の下半分は並流，上半分は向流になっている．これを模式的に示すと，図 6·8(a) のように表される．このように，並流と向流が組み合わさった方式の熱交換器を一般に多重平行流式熱交換器という．上の例のような 1 シェルパス・2 チューブパスのほかに，2 シェルパス・4 チューブパス〔図 6·8(b) 参照〕などがある．

D. 直交流式熱交換器

二流体が直交する方向に流れる熱交換器（図 6·9 参照）．この場合，それぞれの流体が各流路内で混合するものと，混合しないものとがある．前掲の図 6·4 の(b) は後者の例である．

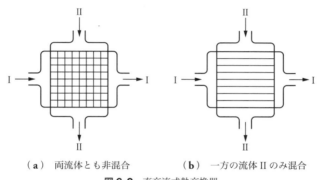

（a） 両流体とも非混合　　（b） 一方の流体 II のみ混合

図 6·9　直交流式熱交換器

以上の A〜D の方式のうち，熱交換器の性能だけでいえば，向流式が最高であり，並流式が最低である（次節参照）．

6·3　対数平均温度差による計算方法

以下では，熱交換器のうちで最も広く用いられている表面式熱交換器の熱計算の方法について述べる．

6·3·1 並流式および向流式熱交換器

並流式あるいは向流式熱交換器で，両流体の出入口の温度が与えられているとき，必要な伝熱面積 A を求めることを考える．固体壁を介して二流体間で熱交換を行う際の熱通過による伝熱量 Q は，一般に次式で表される〔2章，式(2·42)参照〕．

$$Q = k(T_h - T_c)A \quad [\text{W}] \tag{6·2}$$

交換すべき熱量 Q は式(6·1)から求まり，熱通過率 k が既知であるとすれば，式(6·2)から A が求まるはずであるが，熱交換器内では，高温流体と低温流体の温度差 $T_h - T_c$ は一定ではなく，場所によって異なっている（図6·10参照）．したがって，この温度差の適当な平均値を用いなければならないが，それには次に示す**対数平均温度差** (logarithmic mean temperature difference) ΔT_m を用いればよい．

$$\Delta T_m = \frac{\Delta T_1 - \Delta T_2}{\ln \dfrac{\Delta T_1}{\Delta T_2}} \quad [\text{K または °C}] \tag{6·3}$$

ここに，

$$\left.\begin{array}{l} \text{並流式の場合} \quad \Delta T_1 = T_{h1} - T_{c1}, \ \Delta T_2 = T_{h2} - T_{c2} \\ \text{向流式の場合} \quad \Delta T_1 = T_{h1} - T_{c2}, \ \Delta T_2 = T_{h2} - T_{c1} \end{array}\right\} [\text{K または °C}] \tag{6·4}$$

とくに，$\dfrac{1}{2} < \dfrac{\Delta T_1}{\Delta T_2} < 2$ の場合には，

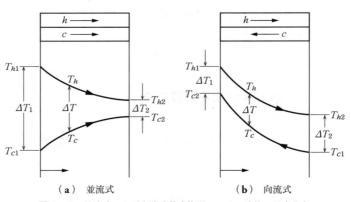

(a) 並流式　　　　　(b) 向流式
図6·10 並流式および向流式熱交換器における流体の温度分布

$$\Delta T_m = \frac{\Delta T_1 + \Delta T_2}{2} \quad [\text{K または }°\text{C}] \tag{6・5}$$

としても，最大約4%温度差を大きく見積もる程度の誤差である．

この対数平均温度差を用いて，熱交換器の交換熱量 Q [W] または必要な伝熱面積 A [m^2] は次式から算出される．

$$Q = k \Delta T_m A \quad [\text{W}] \tag{6・6}$$

一般に向流式のほうが並流式よりも対数平均温度差 ΔT_m が大きくなるので，同じ熱量 Q を伝えるのに伝熱面積 A は小さくてすむ（例題 **6・1** 参照）．また，低温流体の出口温度 T_{c2} が高温流体の出口温度 T_{h2} よりも高くなるような熱交換は，向流式では実現可能だが，並流式では本質的に不可能である．

式(**6・3**)と式(**6・6**)は次のようにして導かれる：

仮定 ① 定常状態が保たれている．
　　 ② 熱交換器から外部への熱損失はない．
　　 ③ 流体の定圧比熱 c は一定である．
　　 ④ 熱通過率 k は熱交換器内で一定である．

図 **6・10** で，熱交換器の左端に座標の原点をとり，右に向って正の向きとする．熱交換器内の任意の微小区間において，伝熱面積 dA を介しての交換熱量を dQ (>0)，高温流体と低温流体の温度上昇をそれぞれ dT_h と dT_c とすれば，この微小区間における熱量の収支から，

$$\left. \begin{array}{l} dQ = -W_h c_h dT_h \\ = \pm W_c c_c dT_c \quad (+：並流式，-：向流式) \end{array} \right\} \tag{6・7}$$

上式を変形すると，それぞれ，

$$dT_h = -\frac{dQ}{W_h c_h} \tag{6・8}$$

$$dT_c = \pm \frac{dQ}{W_c c_c} \tag{6・9}$$

式(**6・8**)の辺々から式(**6・9**)の辺々を差し引くと，

$$dT_h - dT_c = d(T_h - T_c) = d\Delta T = -\left(\frac{1}{W_h c_h} \pm \frac{1}{W_c c_c}\right)dQ \qquad (6\cdot10)$$

式(6・10)を熱交換器の左端（高温流体入口側）から右端（同出口側）まで積分する．

$$\Delta T_1 - \Delta T_2 = \left(\frac{1}{W_h c_h} \pm \frac{1}{W_c c_c}\right)Q \qquad (6\cdot11)$$

一方，式(6・7)で表される微小熱量 dQ は，熱交換器内の微小伝熱面積 dA を通しての伝熱量 dQ に等しい．すなわち，式(6・2)から，

$$dQ = k(T_h - T_c)dA = k\Delta T dA \qquad (6\cdot12)$$

式(6・10)の右辺の dQ に式(6・12)を代入して，整理すると，

$$-\frac{d\Delta T}{\Delta T} = \left(\frac{1}{W_h c_h} \pm \frac{1}{W_c c_c}\right)k dA \qquad (6\cdot13)$$

式(6・13)を熱交換器の左端から右端まで積分する．

$$\ln \frac{\Delta T_1}{\Delta T_2} = \left(\frac{1}{W_h c_h} \pm \frac{1}{W_c c_c}\right)kA \qquad (6\cdot14)$$

式(6・11)と式(6・14)から $\left(\frac{1}{W_h c_h} \pm \frac{1}{W_c c_c}\right)$ を消去し，整理すると，

$$Q = kA \frac{\Delta T_1 - \Delta T_2}{\ln \dfrac{\Delta T_1}{\Delta T_2}} \qquad (6\cdot15)$$

上式(6・15)は式(6・3)を式(6・6)に代入した式である．

6・3・2 多重平行流式および直交流式熱交換器

この場合の対数平均温度差 ΔT_m を求めることは，前述の並流式や向流式の場合ほど簡単ではない．一応向流式と考えて求めた対数平均温度差 ΔT_{mc} に補正係数 F を乗じる形でこの場合の対数平均温度差 ΔT_m を表し，F については計算線図が与えられているので，これを利用すればよい．

$$Q = k\Delta T_m A = kF\Delta T_{mc} A \qquad [\text{W}] \qquad (6\cdot16)$$

ここに，ΔT_m：多重平行流式または直交流式熱交換器の対数平均温度差 [K または

°C]
ΔT_{mc}：向流式として算出した対数平均温度差［K または °C］
F　：対数平均温度差に対する補正係数[1]（図 **6・11** 〜図 **6・14** を利用）

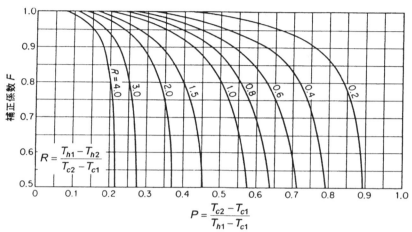

図 6・11　対数平均温度差に対する補正係数
　　　　　1 シェルパス・多チューブパスの場合
〔Holman J. P., Heat Transfer (2nd ed.), McGraw-Hill, 1968 より転載〕

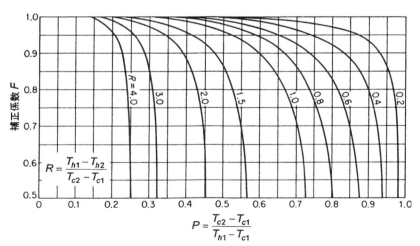

図 6・12　対数平均温度差に対する補正係数
　　　　　2 シェルパス・多チューブパスの場合
〔Holman J. P., Heat Transfer (2nd ed.), McGraw-Hill, 1968 より転載〕

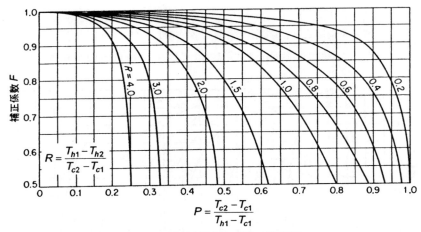

図 6・13 対数平均温度差に対する補正係数
直交流（両流体とも非混合）の場合
〔Holman J. P., Heat Transfer (2nd ed.), McGraw-Hill, 1968 より転載〕

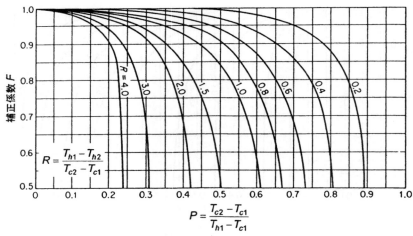

図 6・14 対数平均温度差に対する補正係数
直交流（一方の流体だけ混合）の場合
〔Holman J. P., Heat Transfer (2nd ed.), McGraw-Hill, 1968 より転載〕

一般に，多重平行流式または直交流式熱交換器における対数平均温度差 ΔT_m は，向流式と並流式の間の値になる．したがって，同じ熱量 Q を伝える場合，熱通過率 k が同じであれば，伝熱面積 A は向流式よりも大きいが，並流式よりも小さくてすむことになる（例題 6·1 と例題 6·2 参照）．

〔例題 6·1〕

100 kg/min の油〔定圧比熱 1.88 kJ/(kg·K)〕を，1 シェルパス・1 チューブパスのシェル・アンド・チューブ形熱交換器によって，100°C から 60°C に冷却したい．熱交換器の管内を油が流れ，シェル側には，20°C の水〔定圧比熱 4.18 kJ/(kg·K)〕が 60 kg/min 流入する．並流式および向流式にした場合のそれぞれの所要伝熱面積を求めよ．ただし，熱通過率は 350 W/(m²·K) とする．

〔解〕

式 (6·1) から，

$$Q = W_h c_h (T_{h1} - T_{h2}) = 100 \times 1.88 \times (100 - 60) = 7.52 \times 10^3 \text{ kJ/min}$$
$$= W_c c_c (T_{c2} - T_{c1}) = 60 \times 4.18 \times (T_{c2} - 20)$$

∴ $T_{c2} = 50.0°C$

$Q = 7.52 \times 10^3$ kJ/min = 125 kW

並流式の場合：

$$\Delta T_1 = T_{h1} - T_{c1} = 100 - 20 = 80°C$$
$$\Delta T_2 = T_{h2} - T_{c2} = 60 - 50.0 = 10°C$$

式 (6·3) から，

$$\Delta T_m = \frac{\Delta T_1 - \Delta T_2}{\ln \frac{\Delta T_1}{\Delta T_2}} = \frac{80 - 10}{\ln \frac{80}{10}} = 33.7°C$$

式 (6·6) から，

$$A = \frac{Q}{k \Delta T_m} = \frac{125 \times 10^3}{350 \times 33.7} = 10.6 \text{ m}^2$$

向流式の場合：

$$\Delta T_1 = T_{h1} - T_{c2} = 100 - 50.0 = 50°C$$
$$\Delta T_2 = T_{h2} - T_{c1} = 60 - 20 = 40°C$$

$$\Delta T_m = \frac{\Delta T_1 - \Delta T_2}{\ln \frac{\Delta T_1}{\Delta T_2}} = \frac{50-40}{\ln \frac{50}{40}} = 44.8°C$$

$$A = \frac{Q}{k\Delta T_m} = \frac{125 \times 10^3}{350 \times 44.8} = 8.0 \text{ m}^2$$

〔例題 6・2〕

例題 6・1 の場合で，水は 1 シェルパスを，油は 2 チューブパスを流れる二重平行流式のシェル・アンド・チューブ形熱交換器を使う．熱通過率は変わらず 350 W/(m²·K) である．所要伝熱面積を求めよ．

〔解〕

例題 6・1 から，$\Delta T_{mc} = 44.8°C$

この対数平均温度差に対する補正係数を求める．

$$P = \frac{T_{c2} - T_{c1}}{T_{h1} - T_{c1}} = \frac{50-20}{100-20} = 0.375$$

$$R = \frac{T_{h1} - T_{h2}}{T_{c2} - T_{c1}} = \frac{100-60}{50-20} = 1.333$$

図 6・11 から，$F = 0.88$

式 (6・16) から，

$$A = \frac{Q}{kF\Delta T_{mc}} = \frac{125 \times 10^3}{350 \times 0.88 \times 44.8} = 9.1 \text{ m}^2$$

〔例題 6・3〕

温度 65.0°C，流量 0.560 kg/s，定圧比熱 2.00 kJ/(kg·K) の油を，二重管式熱交換器によって，温度 30.0°C まで冷却したい．冷却用の流体として，温度 18.0°C，流量 0.625 kg/s，定圧比熱 4.18 kJ/(kg·K) の水を用いる．このときの熱通過率は内管外表面基準で 730 W/(m²·K) である．この熱交換器の所要伝熱面積（内管外表面積）[m²] を求めよ．

〔解〕

式 (6・1) から，

$$Q = W_h c_h (T_{h1} - T_{h2}) = 0.560 \times 2.00 \times (65.0 - 30.0) = 39.2 \text{ kW}$$
$$= W_c c_c (T_{c2} - T_{c1}) = 0.625 \times 4.18 \times (T_{c2} - 18.0)$$
$$\therefore \ T_{c2} = 33.0°\text{C}$$

二重管式熱交換器は並流式か向流式であるが，いまの場合 $T_{c2} > T_{h2}$ であるから，並流式では実現不可能であり，向流式になる．

$$\Delta T_1 = T_{h1} - T_{c2} = 65.0 - 33.0 = 32.0°\text{C}$$
$$\Delta T_2 = T_{h2} - T_{c1} = 30.0 - 18.0 = 12.0°\text{C}$$

式(**6·3**)から，

$$\Delta T_m = \frac{32.0 - 12.0}{\ln \frac{32.0}{12.0}} = 20.4°\text{C}$$

式(**6·6**)から，

$$A = \frac{Q}{k \Delta T_m} = \frac{39.2 \times 10^3}{730 \times 20.4} = 2.63 \text{ m}^2$$

〔例題 **6·4** *〕

水平管内を流れている 9.90 t/h の水を，外側から大気圧（0.101 MPa）の飽和水蒸気で，20°C から 60°C まで温める給水加熱器を設計したい．使用する鋼管の外径は 21.0 mm，管壁厚さは 1.2 mm，管材の熱伝導率は 54 W/(m·K) である．管の長さをいくらにすればよいか．また乾き飽和水蒸気が流入し，飽和水で出ていくとして，必要な蒸気量を求めよ．ただし，摩擦損失に対する制限から，管内を流れる水の速度は 0.75 m/s 以下にせよ．

〔解〕

$$D_o = 21.0 \text{ mm}, \ D_i = 18.6 \text{ mm}, \ \lambda = 54 \text{ W/(m·K)}$$

まず，対数平均温度差を求める．

$$T_{h1} = T_{h2} = 100°\text{C} \ (大気圧の水蒸気の飽和温度)$$
$$\Delta T_1 = T_{h1} - T_{c2} = 100 - 60 = 40°\text{C}$$
$$\Delta T_2 = T_{h2} - T_{c1} = 100 - 20 = 80°\text{C}$$

$$\therefore \quad \Delta T_m = \frac{\Delta T_1 - \Delta T_2}{\ln \frac{\Delta T_1}{\Delta T_2}} = \frac{40 - 80}{\ln \frac{40}{80}} = 57.7°C$$

水の物性値をその平均温度 T_{cm} において見積もるが，この T_{cm} として次の値を用いる．

$$T_{cm} = T_{hm} - \Delta T_m = 100 - 57.7 = 42.3°C$$

42.3°C の水の物性値は，表 **3·1** から内挿して，

$$\rho_c = 991.3 \text{ kg/m}^3, \quad c_c = 4.18 \text{ kJ/(kg·K)}$$
$$\nu_c = 0.638 \times 10^{-6} \text{ m}^2/\text{s}, \quad \lambda_c = 0.631 \text{ W/(m·K)}, \quad Pr_c = 4.19$$

20°C の水を 60°C まで加熱するのに要する熱量 Q は，式 (**6·1**) から，

$$Q = W_c c_c (T_{c2} - T_{c1}) = \frac{9.90 \times 10^3}{3600} \times 4.18 \times (60 - 20) = 460 \text{ kW}$$

水蒸気は凝縮によって熱を放出するので，

$$W_h (h_{h1} - h_{h2}) = W_h \Delta h_v = Q$$

ここに，h_{h1}：入口における乾き飽和水蒸気の比エンタルピー [J/kg]

h_{h2}：出口における飽和水の比エンタルピー [J/kg]

Δh_v：水蒸気の凝縮潜熱 [J/kg]

表 **3·1** から，$\Delta h_v = 2257 \text{ kJ/kg}$

したがって，必要な蒸気量 W_h は，

$$W_h = \frac{Q}{\Delta h_v} = \frac{460}{2257} = 0.2038 \text{ kg/s} = 734 \text{ kg/h}$$

管 1 本の流路断面積 A_c は，

$$A_c = \frac{\pi}{4} D_i^2 = \frac{\pi}{4} \times 0.0186^2 = 2.72 \times 10^{-4} \text{ m}^2$$

管の本数を n 本とすると，管内の水の速度 u_c は，

$$u_c = \frac{W_c}{n \rho_c A_c} = \frac{9.90 \times 10^3}{3600 \times n \times 991.3 \times 2.72 \times 10^{-4}}$$

題意から，$u_c \leq 0.75 \text{ m/s}$．したがって，

$$n \geq \frac{9.90 \times 10^3}{3600 \times 991.3 \times 2.72 \times 10^{-4} \times 0.75} = 13.6$$

$n=14$ 本とする(速度は,0.75 m/s 以下という条件を満す範囲内で,できるだけ大きいほうがよい).このとき,

$$u_c = \frac{9.90\times 10^3}{3600\times 14\times 991.3\times 2.72\times 10^{-4}} = 0.729 \text{ m/s}$$

水側の熱伝達率を算出する.

$$Re = \frac{u_c D_i}{\nu_c} = \frac{0.729\times 0.0186}{0.638\times 10^{-6}} = 2.12\times 10^4 \quad \therefore \quad 乱流$$

式(3・93)から,

$$\alpha_c = 0.023\frac{\lambda_c}{D_i}Re^{0.8}Pr_c^{0.4} = 0.023\times\frac{0.631}{0.0186}\times(2.12\times 10^4)^{0.8}\times 4.19^{0.4}$$
$$= 4.00\times 10^3 \text{ W/(m}^2\cdot\text{K)}$$

次に,水蒸気側の熱伝達率(凝縮熱伝達率)を求める.

管は2チューブパス($N=2$)にする.したがって,管群の管本数は $Nn=2\times 14=28$ 本.管は垂直方向に4本($n_a=4$),水平方向に7本の碁盤目配列とする.なお,2チューブパスにしても,いまの場合 $T_{h1}=T_{h2}=$ const. であるから,並流と向流の区別はなく,したがって対数平均温度差 ΔT_m は先に求めた値がそのまま使える(すなわち,$F=1$).

管外面の平均温度を80°Cと仮定して,$(100+80)/2=90$°Cにおける圧縮水の物性値は,表3・1から,

$$\rho_l = 965.2 \text{ kg/m}^3,\ \mu_l = 0.315\times 10^{-3}\text{ Pa·s},\ \lambda_l = 0.672 \text{ W/(m·K)}$$

管外面の平均温度を T_{wm} として,式(4・24)と式(4・25)から,

$$\alpha_h = 0.725\left[\frac{g\rho_l^2\lambda_l^3\Delta h_v}{D_o\mu_l(T_s-T_{wm})}\right]^{1/4} n_a^{-0.16}$$
$$= 0.725\left[\frac{9.807\times 965.2^2\times 0.672^3\times 2257\times 10^3}{0.0210\times 0.315\times 10^{-3}\times(100-T_{wm})}\right]^{1/4}\times 4^{-0.16}$$

$$\therefore \quad \alpha_h = \frac{1.811\times 10^4}{(100-T_{wm})^{1/4}} \tag{1}$$

一方,管内の水から管外面までの熱通過〔式(2・58)参照〕および管外面における熱伝達を考えると,

$$Q = \frac{(T_{wm}-T_{cm})\pi L}{\dfrac{1}{\alpha_c D_i}+\dfrac{1}{2\lambda}\ln\dfrac{D_o}{D_i}} = \alpha_h(T_{hm}-T_{wm})\pi D_o L$$

$$\therefore\ T_{wm} = \frac{KT_{cm}+\alpha_h D_o T_{hm}}{K+\alpha_h D_o} \quad \text{ただし,}\ K = \frac{1}{\dfrac{1}{\alpha_c D_i}+\dfrac{1}{2\lambda}\ln\dfrac{D_o}{D_i}}$$

既知の数値をこれらの式に代入すると,

$$K = \frac{1}{\dfrac{1}{4.00\times 10^3 \times 0.0186}+\dfrac{1}{2\times 54}\ln\dfrac{21.0}{18.6}} = 68.7\ \text{W/(m·K)}$$

$$T_{wm} = \frac{68.7\times 42.3 + \alpha_h \times 0.0210 \times 100}{68.7 + \alpha_h \times 0.0210}$$

$$\therefore\ T_{wm} = \frac{2906 + 2.10\,\alpha_h}{68.7 + 0.0210\,\alpha_h} \tag{2}$$

式(**1**)と式(**2**)から繰り返し計算（逐次近似法）により α_h と T_{wm} を求める．初めに $T_{wm} = 80\,°\text{C}$ と仮定する．

T_{wm}（仮定）	α_h〔式(**1**)から〕	T_{wm}〔式(**2**)から〕
80	8.56×10^3	84.0
84.0	9.06×10^3	84.7
84.7	9.16×10^3	84.8
84.8	9.17×10^3	84.8

$$\therefore\ \alpha_h = 9.17\times 10^3\ \text{W/(m}^2\text{·K)},\quad T_{wm} = 84.8\,°\text{C}$$

$(100+84.2)/2 = 92.4\,°\text{C}$ における水の物性値は前に用いた $90\,°\text{C}$ における値とほとんど変わらないので，上の計算でよい．

管の外表面基準の熱通過率は，式(**2·62**)から,

$$\frac{1}{k_2} = \frac{1}{\alpha_c}\frac{D_o}{D_i} + \frac{D_o}{2\lambda}\ln\frac{D_o}{D_i} + \frac{1}{\alpha_h}$$

$$= \frac{0.0210}{4.00\times 10^3 \times 0.0186} + \frac{0.0210}{2\times 54}\ln\frac{21.0}{18.6} + \frac{1}{9.17\times 10^3}$$

$$= 4.15 \times 10^{-4} \ (m^2 \cdot K)/W$$

管の全外表面積は，式(**6·6**)から，

$$A_o = \frac{Q}{k_2 \Delta T_m} = \frac{4.60 \times 10^5 \times 4.15 \times 10^{-4}}{57.7} = 3.31 \ m^2$$

求める管の長さ L は，$A_o = nN\pi D_o L$ であるから，

$$L = \frac{A_o}{nN\pi D_o} = \frac{3.31}{14 \times 2 \times \pi \times 0.0210} = 1.79 \ m$$

〔例題 **6·5** *〕

3.90 kg/s の水が，シェル・アンド・チューブ形熱交換器で，30°C から 50°C まで加熱される．シェルは1パスであり，これに 1.94 kg/s の温水が 95°C で入ってくる．円管の内径は 20 mm であり，円管内の水の平均流速は 0.42 m/s 程度にしたい．このとき，管の内表面基準の熱通過率は 1400 W/(m²·K) である．空間上の制限のため，熱交換器の管の長さは 2.5 m 以上にはできない．この熱交換器の所要のチューブパスの数，1チューブパスあたりの管の本数と管の長さを求めよ．

〔解〕

チューブパスの数を N，1チューブパスあたりの管本数を n とする．

初めに1チューブパス（$N=1$）と仮定して計算し，その結果が条件を満足しなければ，チューブパスの数を増やす．

冷水および温水の定圧比熱は，表 **3·1** から，それぞれ

$$c_c = 4.18 \ kJ/(kg \cdot K), \quad c_h = 4.20 \ kJ/(kg \cdot K)$$

式(**6·1**)から，

$$Q = W_c c_c (T_{c2} - T_{c1}) = 3.90 \times 4.18 \times (50 - 30) = 326 \ kW$$
$$= W_h c_h (T_{h1} - T_{h2}) = 1.94 \times 4.20 \times (95 - T_{h2})$$

∴ $T_{h2} = 55.0°C$

向流式にする．このとき，

$$\Delta T_1 = T_{h1} - T_{c2} = 95 - 50 = 45°C$$
$$\Delta T_2 = T_{h2} - T_{c1} = 55.0 - 30 = 25°C$$

式(**6·3**)から，

$$\Delta T_m = \frac{\Delta T_1 - \Delta T_2}{\ln \frac{\Delta T_1}{\Delta T_2}} = \frac{45 - 25}{\ln \frac{45}{25}} = 34.0°C$$

伝熱面積（管の内表面積）A は，式(**6·6**)から，

$$A = \frac{Q}{k\Delta T_m} = \frac{326 \times 10^3}{1400 \times 34.0} = 6.85 \text{ m}^2$$

一方，$W_c = \rho_c u_c A_c$．表 **3·1** から，$\rho_c = 992.3 \text{ kg/m}^3$．
したがって，低温流体の全流路断面積 A_c は，

$$A_c = \frac{W_c}{\rho_c u_c} = \frac{3.90}{992.3 \times 0.42} = 0.00936 \text{ m}^2$$

$A_c = n\frac{\pi}{4}D^2$ であるから，管本数 n は，

$$n = \frac{4A_c}{\pi D^2} = \frac{4 \times 0.00936}{\pi (0.020)^2} = 29.8 \quad \rightarrow \quad 30 \text{ 本}$$

伝熱面積（管の内表面積）は $A = nN\pi DL$ であるから，

$$L = \frac{A}{nN\pi D} = \frac{6.85}{30 \times 1 \times \pi \times 0.020} = 3.63 \text{ m}$$

この長さは制限値 2.5 m より大きい．したがって，チューブパスの数を増やす必要がある．

そこで，2 チューブパス（$N=2$）にする．
この場合，対数平均温度差に対する補正係数 F は，

$$P = \frac{T_{c2} - T_{c1}}{T_{h1} - T_{c1}} = \frac{50 - 30}{95 - 30} = 0.308$$

$$R = \frac{T_{h1} - T_{h2}}{T_{c2} - T_{c1}} = \frac{95 - 55}{50 - 30} = 2.00$$

図 **6·11** から，$F = 0.872$
式(**6·16**)から，

$$A = \frac{Q}{kF\Delta T_{mc}} = \frac{326 \times 10^3}{1400 \times 0.872 \times 34.0} = 7.85 \text{ m}^2$$

A_c および n は 1 チューブパスの場合と同じである．したがって，

$$L = \frac{A}{nN\pi D} = \frac{7.85}{30 \times 2 \times \pi \times 0.020} = 2.08 \text{ m}$$

この長さは制限値 2.5 m 以下である．

したがって，結局，

　チューブパスの数　$N = 2$

　1 チューブパスあたりの管本数　$n = 30$ 本

　1 チューブパスあたりの管長さ　$L = 2.08$ m

〔例題 6·6〕

伝熱面積が 0.50 m² で熱通過率が 4.6 kW/(m²·K) の二重平行流式熱交換器において，高温流体は入口温度 60°C で流量 0.56 kg/s の水，低温流体は入口温度 20°C で流量 1.12 kg/s の水である．それぞれの流体の出口温度および交換熱量を求めよ．

〔解〕

$$W_h = 0.56 \text{ kg/s}, \quad W_c = 1.12 \text{ kg/s}, \quad T_{h1} = 60°C, \quad T_{c1} = 20°C$$
$$A = 0.50 \text{ m}^2, \quad k = 4.6 \text{ kW/(m}^2\text{·K)}$$

表 3·1 から，$c_h = c_c = 4.18$ kJ/(kg·K)

$T_{h2} = 40°C$ と仮定する．

式 (6·1) から，

$$Q_1 = 0.56 \times 4.18 \times (60 - 40) = 46.8 \text{ kW}$$
$$= 1.12 \times 4.18 \times (T_{c2} - 20)$$

∴　$T_{c2} = 30°C$

向流式としての対数平均温度差は，$\Delta T_1 = T_{h1} - T_{c2} = 30°C$，$\Delta T_2 = T_{h2} - T_{c1} = 20°C$ であるから，

$$\Delta T_{mc} = \frac{30 - 20}{\ln \dfrac{30}{20}} = 24.7°C$$

この対数平均温度差に対する補正係数 F は，

$$P = \frac{T_{c2} - T_{c1}}{T_{h1} - T_{c1}} = \frac{30 - 20}{60 - 20} = 0.25, \qquad R = \frac{T_{h1} - T_{h2}}{T_{c2} - T_{c1}} = \frac{60 - 40}{30 - 20} = 2.0$$

図 6·11 から，$F = 0.94$

式(6·16)から，
$$Q_2 = kF\Delta T_{mc}A = 4.6 \times 0.94 \times 24.7 \times 0.50 = 53.4 \text{ kW}$$

以上の計算では，Q_1 と Q_2 が等しくない．これが等しくなるまで繰り返し計算を行う．

$$Q_1 = \frac{46.8 + 53.4}{2} = 50.1 \text{ kW} \quad \text{と仮定する．}$$

上と同様な計算を行うと，

$$T_{h2} = 38.6°\text{C}, \quad T_{c2} = 30.7°\text{C}, \quad \Delta T_{mc} = 23.55°\text{C}$$
$$P = 0.268, \quad R = 2.00, \quad F = 0.925$$
$$Q_2 = 50.1 \text{ kW} = Q_1$$
$$\therefore \quad T_{h2} = 38.6°\text{C}, \quad T_{c2} = 30.7°\text{C}, \quad Q = 50 \text{ kW}$$

注：この例題に示したように，熱交換器（形式と伝熱面積）および使用する流体の条件（両流体の入口温度と流量）が与えられていて（したがって，熱通過率も既知），交換熱量あるいは両流体の出口温度を求めたい場合，対数平均温度差を用いる方法では，一般に繰り返し計算によって算出しなければならない．

6·4 温度効率・熱交換単位数による計算方法

前節の例題 6·1～6·5 のように，流体の入口温度 T_{h1}，T_{c1} および出口温度 T_{h2}，T_{c2} が既知の場合，あるいはこれらのいずれか一つが未知であっても，熱収支の式，式 (6·1) から直ちに決定可能の場合には，前節で述べた対数平均温度差を用いる方法によって，伝熱面積 A を容易に算出することができる．しかしながら，熱交換器および両流体の流量が与えられていて，両流体それぞれの入口または出口の温度のいずれか一方が未知の場合に，それらの温度を求めるためには，対数平均温度差の方法では，前節の例題 6·6 のように，繰り返し計算を行わなければならない．

以下に，熱交換器に関するもう一つの熱計算の方法である温度効率と熱交換単位数を用いる方法について述べる．この方法は，流体の出口または入口の温度が既知でない場合だけでなく，それらが既知の場合にも適用できる計算方法である．

熱交換器内を流れる流体の次のような熱容量の流量を考える．

$$C = Wc : 熱容量流量 \quad [\text{W/K}] \tag{6·17}$$

ここに，W：質量流量 [kg/s]

c：流体の定圧比熱 [J/(kg·K)]

高温と低温の二つの流体のうち，

$$\left.\begin{array}{l} C_{\min} = \text{Min}(C_c, C_h) \\ C_{\max} = \text{Max}(C_c, C_h) \end{array}\right\} \quad [\text{W/K}] \tag{6·18}$$

とおく（Min および Max はそれぞれ二つの値のうち小さいほうおよび大きいほうを指す）．

一方，次式で定義される ε を熱交換器の**温度効率**〔effectiveness (of heat exchanger)〕と呼ぶ．温度効率は**熱交換有効率**と呼ばれることもある．

$$\varepsilon = \frac{実際交換熱量 Q}{理想交換熱量 Q_\infty} \tag{6·19}$$

ここに，実際交換熱量：$Q = C_h(T_{h1} - T_{h2}) = C_c(T_{c2} - T_{c1}) \quad [\text{W}] \tag{6·20}$

理想交換熱量：両流体の与えられた入口温度のもとで，熱力学的に可能な最大の交換熱量であり，これは伝熱面積無限大の向流式熱交換器において達成される．向流式熱交換器を通過する間に流体がなしうる温度変化は最大で $T_{h1} - T_{c1}$ であり〔図 **6·10**（**b**）参照〕，これ以上の温度変化はありえない．この最大の温度変化は C が小さいほうの流体で可能であり，C が大きいほうの流体の温度変化は必ず $T_{h1} - T_{c1}$ よりも小さい．もし，C が大きいほうの流体が $T_{h1} - T_{c1}$ の温度変化をすれば，$C_c < C_h$ の場合は低温流体の出口温度が高温流体の入口温度よりも高くならないといけないし，$C_c > C_h$ の場合は高温流体の出口温度が低温流体の入口温度より低くならないといけないが，これは不可能である．したがって，理想交換熱量 Q_∞ は次式で表される．

$$Q_\infty = C_{\min}(T_{h1} - T_{c1}) \quad [\text{W}] \tag{6·21}$$

したがって，

$$\varepsilon = \frac{C_h(T_{h1} - T_{h2})}{C_{\min}(T_{h1} - T_{c1})} = \frac{C_c(T_{c2} - T_{c1})}{C_{\min}(T_{h1} - T_{c1})} \tag{6·22}$$

すなわち，

$$C_{\min} = C_h \text{ のとき} \quad ; \quad \varepsilon = \frac{T_{h1} - T_{h2}}{T_{h1} - T_{c1}} \tag{6·23}$$

$$C_{\min} = C_c \text{ のとき} \quad ; \quad \varepsilon = \frac{T_{c2} - T_{c1}}{T_{h1} - T_{c1}} \tag{6·24}$$

温度効率 ε の値がわかれば，次式から交換熱量 Q を算出することができる．

$$Q = \varepsilon C_{\min}(T_{h1} - T_{c1}) \quad [\text{W}] \tag{6·25}$$

次に，温度効率を求めるために，温度効率と熱交換器の特性値である伝熱面積，熱通過率および熱容量流量との関係を考えてみる．

例として，並流式熱交換器の場合について考える．

前節の式(**6·14**)を書き直すと，

$$\frac{T_{h2} - T_{c2}}{T_{h1} - T_{c1}} = \exp\left[-kA\left(\frac{1}{C_h} + \frac{1}{C_c}\right)\right] \tag{6·26}$$

一方，式(**6·20**)から，

$$T_{h2} = T_{h1} - \frac{C_c}{C_h}(T_{c2} - T_{c1}) \tag{6·27}$$

式(**6·27**)を式(**6·26**)の左辺の T_{h2} に代入する．

$$
\begin{aligned}
\text{式}(\mathbf{6·26})\text{の左辺} &= \frac{T_{h1} - \dfrac{C_c}{C_h}(T_{c2} - T_{c1}) - T_{c2}}{T_{h1} - T_{c1}} \\
&= \frac{(T_{h1} - T_{c1}) - \dfrac{C_c}{C_h}(T_{c2} - T_{c1}) - (T_{c2} - T_{c1})}{T_{h1} - T_{c1}} \\
&= 1 - \frac{T_{c2} - T_{c1}}{T_{h1} - T_{c1}}\left(1 + \frac{C_c}{C_h}\right)
\end{aligned}
\tag{6·28}
$$

$$\therefore \quad \frac{T_{c2}-T_{c1}}{T_{h1}-T_{c1}} = \frac{1-\exp\left[-\frac{kA}{C_c}\left(1+\frac{C_c}{C_h}\right)\right]}{1+\frac{C_c}{C_h}} \tag{6・29}$$

$C_{\min} = C_c$ ならば，ε は式(6・24)で表されるので，式(6・29)から，

$$\varepsilon = \frac{1-\exp\left[-\frac{kA}{C_c}\left(1+\frac{C_c}{C_h}\right)\right]}{1+\frac{C_c}{C_h}} \tag{6・30}$$

ただし，$C_{\min} = C_c$
　　　　$C_{\max} = C_h$

一方，$C_{\min} = C_h$ のときには，次のようになる．
式(6・20)から，

$$T_{c2} = T_{c1} - \frac{C_h}{C_c}(T_{h1}-T_{h2}) \tag{6・31}$$

式(6・31)を式(6・26)の T_{c2} に代入して，整理すると，

$$\frac{T_{h1}-T_{h2}}{T_{h1}-T_{c1}} = \frac{1-\exp\left[-\frac{kA}{C_h}\left(1+\frac{C_h}{C_c}\right)\right]}{1+\frac{C_h}{C_c}} \tag{6・32}$$

この場合の ε は式(6・23)で表されるので，式(6・32)から，

$$\varepsilon = \frac{1-\exp\left[-\frac{kA}{C_h}\left(1+\frac{C_h}{C_c}\right)\right]}{1+\frac{C_h}{C_c}} \tag{6・33}$$

ただし，$C_{\min} = C_h$
　　　　$C_{\max} = C_c$

式(6・30)と式(6・33)をまとめて表すと，

$$\varepsilon = \frac{1-\exp\left[-\dfrac{kA}{C_{\min}}\left(1+\dfrac{C_{\min}}{C_{\max}}\right)\right]}{1+\dfrac{C_{\min}}{C_{\max}}} \tag{6・34}$$

向流式熱交換器の場合にも，上述の並流式の場合と同様にして，次式を導くことができる．

$$\varepsilon = \frac{1-\exp\left[-\dfrac{kA}{C_{\min}}\left(1-\dfrac{C_{\min}}{C_{\max}}\right)\right]}{1-\left(\dfrac{C_{\min}}{C_{\max}}\right)\exp\left[-\dfrac{kA}{C_{\min}}\left(1-\dfrac{C_{\min}}{C_{\max}}\right)\right]} \tag{6・35}$$

すなわち，一般に，熱交換器の特性値の間には，次のような関係がある．

$$\varepsilon = f\left(\frac{kA}{C_{\min}}, \frac{C_{\min}}{C_{\max}}\right) \tag{6・36}$$

関数 f の形は流動方向によって分類した熱交換器の形式によって異なる．

$kA/C_{\min}$ は**熱交換単位数**（number of heat transfer unit）あるいは **NTU** と呼ばれており，これをここでは NTU と略記する．NTU は熱交換器における熱通過のコンダクタンス（熱通過のしやすさ）を表す kA を $C_{\min}$ で除したものであり，**熱通過単位数**とも呼ばれる．熱交換単位数は熱交換器の相対的な大きさを表す無次元の指標と考えられる．種々の形式の熱交換器に対して，式(6・36)の関係を表す線図が作成されている[2]（図 6・15 〜 図 6・20）．計算に際しては，これらの線図を利用すればよい．これらの線図から明らかなように，NTU が大きくなれば温度効率は高くなるが，その増加の割合は次第に減少し，熱交換器は熱力学的な限界に近づく．

〔**例題 6・7**〕

例題 6・1 と例題 6・2 を温度効率・熱交換単位数（$\varepsilon - NTU$）の方法で解け．

〔**解**〕

$C_h = 100 \times 1.88 = 188 \text{ kJ}/(\text{min·K}) = C_{\min} = 3.13 \text{ kW/K}$

$C_c = 60 \times 4.18 = 251 \text{ kJ}/(\text{min·K}) = C_{\max}$

$\dfrac{C_{\min}}{C_{\max}} = \dfrac{188}{251} = 0.75$

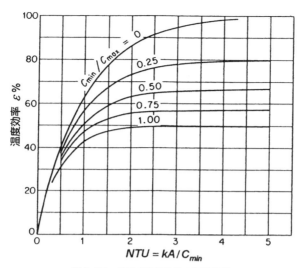

図 6·15 並流式熱交換器の温度効率
〔Holman J. P., Heat Transfer (2nd ed.), McGraw-Hill, 1968 より転載〕

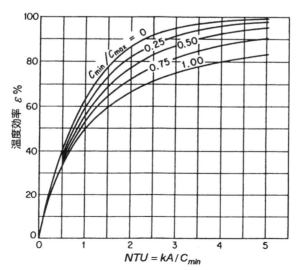

図 6·16 向流式熱交換器の温度効率
〔Holman J. P., Heat Transfer (2nd ed.), McGraw-Hill, 1968 より転載〕

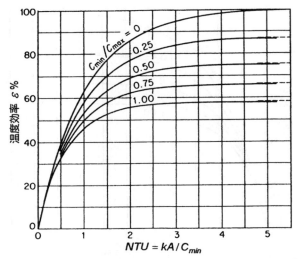

図 6・17　多重平行流式熱交換器（1シェルパス・多チューブパス）の温度効率
〔Holman J. P., Heat Transfer (2nd ed.), McGraw-Hill, 1968 より転載〕

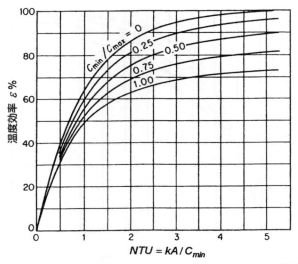

図 6・18　多重平行流式熱交換器（2シェルパス・多チューブパス）の温度効率
〔Holman J. P., Heat Transfer (2nd ed.), McGraw-Hill, 1968 より転載〕

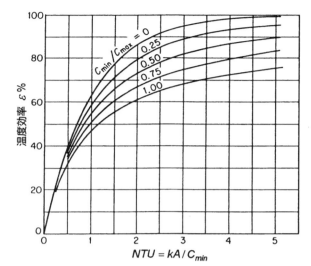

図 6·19 直交流式熱交換器（両流体とも非混合）の温度効率
〔Holman J. P., Heat Transfer (2nd ed.), McGraw-Hill, 1968 より転載〕

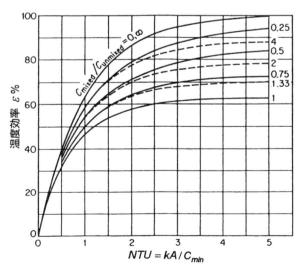

図 6·20 直交流式熱交換器（一方の流体だけ混合）の温度効率
〔Holman J. P., Heat Transfer (2nd ed.), McGraw-Hill, 1968 より転載〕

式(6·23)から，

$$\varepsilon = \frac{T_{h1} - T_{h2}}{T_{h1} - T_{c1}} = \frac{100 - 60}{100 - 20} = 0.50$$

並流式の場合：

図 **6·15** から，$NTU = kA/C_{\min} = 1.19$

$$\therefore A = NTU \frac{C_{\min}}{k} = \frac{1.19 \times 3.13 \times 10^3}{350} = 10.6 \text{ m}^2$$

向流式の場合：

図 **6·16** から，$NTU = 0.89$

$$\therefore A = \frac{0.89 \times 3.13 \times 10^3}{350} = 8.0 \text{ m}^2$$

二重平行流式（1 シェルパス・2 チューブパス）の場合：

図 **6·17** から，$NTU = 1.00$

$$\therefore A = \frac{1.00 \times 3.13 \times 10^3}{350} = 8.9 \text{ m}^2$$

〔**例題 6·8**〕

例題 **6·6** を $\varepsilon - NTU$ の方法で解け．また，例題 **6·6** と同じ条件で，二重平行流式の代わりに向流式の熱交換器を用いたときの，両流体の出口温度および交換熱量を求めよ．

〔**解**〕

$$C_c = 1.12 \times 4.18 = 4.68 \text{ kW/K} = C_{\max}$$

$$C_h = 0.56 \times 4.18 = 2.34 \text{ kW/K} = C_{\min}$$

$$\frac{C_{\min}}{C_{\max}} = \frac{2.34}{4.68} = 0.50$$

$$NTU = \frac{kA}{C_{\min}} = \frac{4.6 \times 0.50}{2.34} = 0.98$$

二重平行流式の場合：

図 **6·17** から，$\varepsilon = 0.53$

式(6·23)から，

$$\varepsilon = \frac{T_{h1}-T_{h2}}{T_{h1}-T_{c1}} = \frac{60-T_{h2}}{60-20} = 0.53$$

∴ $T_{h2} = 38.8°C$

式(6·20)から,

$$Q = C_h(T_{h1}-T_{h2}) = 2.34 \times (60-38.8) = 49.6 \text{ kW} \fallingdotseq 50 \text{ kW}$$

$$T_{c2} = T_{c1} + \frac{Q}{C_c} = 20 + \frac{49.6}{4.68} = 30.6°C$$

向流式の場合：

図 6·16 から, $\varepsilon = 0.56$

$$\varepsilon = \frac{60-T_{h2}}{60-20} = 0.56 \quad ∴ \quad T_{h2} = 37.6°C$$

$$Q = 2.34 \times (60-37.6) = 52.4 \text{ kW} \fallingdotseq 52 \text{ kW}$$

$$T_{c2} = 20 + \frac{52.4}{4.68} = 31.2°C$$

〔例題 6·9〕

20°C で流入する 1.20 kg/s の冷水により，0.60 kg/s の温水を 80°C から 40°C に冷却するように設計された向流式熱交換器〔熱通過率 1800 W/(m²·K)〕がある．この熱交換器において，それぞれ次のように使用条件が変わった場合の交換熱量および温水の出口温度を推定せよ．ただし，温水の入口温度と温水の流量はいずれの場合も変わらないものとする．

(1) 冷水の入口温度 10°C，冷水の流量不変，熱通過率不変．
(2) 冷水の流量 1.50 kg/s，冷水の入口温度不変，熱通過率 1930 W/(m²·K)．

〔解〕

水の比熱は，表 3·1 から，$c_c = 4.18$ kJ/(kg·K)，$c_h = 4.19$ kJ/(kg·K)

まず，この熱交換器の伝熱面積を求める．

設計条件のとき：

$$C_h = 0.60 \times 4.19 = 2.51 \text{ kW/K} = C_{\min}$$

$$C_c = 1.20 \times 4.18 = 5.02 \text{ kW/K} = C_{\max}$$

$$\frac{C_{\min}}{C_{\max}} = \frac{2.51}{5.02} = 0.50$$

式(6・23)から,$\varepsilon = \dfrac{T_{h1}-T_{h2}}{T_{h1}-T_{c1}} = \dfrac{80-40}{80-20} = 0.667$

図 6・16 から,$NTU = Ak/C_{\min} = 1.40$

$$\therefore\ A = 1.40\frac{C_{\min}}{k} = 1.40 \times \frac{2.51 \times 10^3}{1800} = 1.95\ \text{m}^2$$

(1)の場合:

$C_{\min}/C_{\max}$ および $Ak/C_{\min}$ の値は変わらないので,ε の値も変わらない.

式(6・25)から,
$$Q = \varepsilon C_{\min}(T_{h1}-T_{c1}) = 0.667 \times 2.51 \times (80-10) = 117\ \text{kW}$$

式(6・23)から,
$$T_{h2} = T_{h1} - \varepsilon(T_{h1}-T_{c1}) = 80 - 0.667 \times (80-10) = 33.3\ °\text{C}$$

(2)の場合:

$C_h = 2.51$ kW/K(不変)$= C_{\min}$

$C_c = 1.50 \times 4.18 = 6.27$ kW/K $= C_{\max}$

$$\frac{C_{\min}}{C_{\max}} = \frac{2.51}{6.27} = 0.40$$

$$\frac{kA}{C_{\min}} = \frac{1930 \times 1.95}{2.51 \times 10^3} = 1.50$$

図 6・16 から,$\varepsilon = 0.71$

$$\therefore\ Q = 0.71 \times 2.51 \times (80-20) = 107\ \text{kW}$$
$$T_{h2} = 80 - 0.71 \times (80-20) = 37.4\ °\text{C}$$

注:この例題を対数平均温度差を用いる方法で解くとすれば,(1)の場合も(2)の場合もともに,前に述べたように,繰り返し計算をしなければならない.

6・5 汚れ係数

熱交換器を長期間使用していると，通常その伝熱面にさびやスケールなどが付着する．これは熱通過に対して付加的な熱抵抗になり，したがって熱交換器の性能は低下する．このスケールなどの付着物の厚さ δ_f と熱伝導率 λ_f を実測するのは困難であるため，次式で定義される熱抵抗 R_f を用いるのが便利である．この R_f を**汚れ係数**（fouling factor）と呼んでいる．

$$R_f = \frac{\delta_f}{\lambda_f} \quad [\text{m}^2\cdot\text{K/W}] \tag{6・37}$$

たとえば，平板伝熱面で，清浄な場合および一方の面だけ汚れた場合の熱通過率をそれぞれ k_c および k_f とすれば，これらの値を実測し，式(2・56)を適用することによって，R_f は次式から求められる．

$$R_f = \frac{1}{k_f} - \frac{1}{k_c} \quad [\text{m}^2\cdot\text{K/W}] \tag{6・38}$$

汚れ係数 R_f の値は，流体の種類と温度，伝熱面の種類，流路の形状，使用時間，内部掃除の度合いなどによって異なるが，一応の目安として，流体の種類だけで決めた R_f の標準値が提出されている[3]．その代表的な例を表6・1に示す．

熱交換器の設計あるいは性能保証の際には，汚れ係数についてあらかじめ検討して

表6・1 汚れ係数 R_f の値

流体の種類	R_f [m^2・K/W]
蒸留水	0.00009
水道または井戸水	0.00018（50°C以下），0.00035（50°C以上）
海　水	0.00009（50°C以下），0.00018（50°C以上）
処理したボイラ水	0.00009（50°C以下），0.00018（50°C以上）
水蒸気（油を含まず）	0.00009
水蒸気（油を含む）	0.00018
冷媒蒸気（油を含む）	0.00035
冷媒液	0.00018
油圧用油・潤滑用油	0.00018
燃料油	0.0009
石　油	0.00018
空　気	0.00035
燃焼ガス	0.0018

おかねばならないが，その際，通常は表 **6·1** に示したような標準値（平均的な使用条件における汚れ係数）を用いる．たとえば円管の場合に，管内外面それぞれの汚れ係数 R_{f1} と R_{f2} を考慮すれば，円管の外表面基準の熱通過率 k_2 は次式から算出される〔**2**章，式(**2·62**)参照〕．

$$\frac{1}{k_2} = \frac{1}{\alpha_1}\frac{R_o}{R_i} + R_{f1}\frac{R_o}{R_i} + \frac{R_o}{\lambda}\ln\frac{R_o}{R_i} + R_{f2} + \frac{1}{\alpha_2} \tag{6·39}$$

〔**例題 6·10**〕

内径 18 mm，外径 21 mm の銅管と内径 30 mm の鋼管でつくられた同心二重管の向流式熱交換器において，内管内を流れる 0.220 kg/s の水〔入口温度 70°C，定圧比熱 4.19 kJ/(kg·K)〕で環状部を流れる 1.10 kg/s の燃料油〔比熱 1.88 kJ/(kg·K)〕を 15°C から 25°C まで温めたい．水側の熱伝達率は 4.80 kW/(m²·K)，油側の熱伝達率は 1.25 kW/(m²·K) である．使用中伝熱面が汚れることを考慮して，必要な管の長さを求めよ．ただし，使用する水は通常のボイラ給水と同様な処理がなされている．

〔**解**〕

$$D_i = 0.018 \text{ m}, \quad D_o = 0.021 \text{ m}$$
$$\alpha_1 = 4.80 \text{ kW/(m}^2\text{·K)}, \quad \alpha_2 = 1.25 \text{ kW/(m}^2\text{·K)}$$

表 **6·1** から，汚れ係数 $R_{f1} = 0.00018$ m²·K/W，$R_{f2} = 0.0009$ m²·K/W とする．

銅管の管壁内の熱抵抗 $= \dfrac{\delta}{\lambda} = \dfrac{0.0015}{372} = 0.000004$ m²·K/W $\ll \dfrac{1}{\alpha_1}, \dfrac{1}{\alpha_2}, R_{f1}, R_{f2}$

したがって，この熱抵抗は無視してよい．

管外表面基準の熱通過率 k_2 は，式(**6·39**)から，

$$\frac{1}{k_2} = \left(\frac{1}{\alpha_1} + R_{f1}\right)\frac{D_o}{D_i} + R_{f2} + \frac{1}{\alpha_2}$$
$$= \left(\frac{1}{4.80} + 0.00018 \times 10^3\right) \times \frac{0.021}{0.018} + 0.0009 \times 10^3 + \frac{1}{1.25}$$
$$= 2.15 \text{ m}^2\text{·K/kW}$$

式(**6·1**)から，

$$Q = W_c c_c (T_{c2} - T_{c1}) = 1.10 \times 1.88 \times (25 - 15) = 20.7 \text{ kW}$$
$$= W_h c_h (T_{h1} - T_{h2}) = 0.220 \times 4.19 \times (70 - T_{h2})$$

$$\therefore \quad T_{h2} = 47.5°C$$

$$\Delta T_1 = T_{h1} - T_{c2} = 70 - 25 = 45°C$$

$$\Delta T_2 = T_{h2} - T_{c1} = 47.5 - 15 = 32.5°C$$

式(6·3)から,

$$\Delta T_m = \frac{\Delta T_1 - \Delta T_2}{\ln \frac{\Delta T_1}{\Delta T_2}} = \frac{45 - 32.5}{\ln \frac{45}{32.5}} = 38.4°C$$

式(6·6)から,

$$A_o = \frac{Q}{k_2 \Delta T_m} = \frac{20.7 \times 2.15}{38.4} = 1.16 \text{ m}^2$$

$$\therefore \quad L = \frac{A_o}{\pi D_o} = \frac{1.16}{\pi \times 0.021} = 17.6 \text{ m}$$

〔別解〕

k_2 の値を求めた後は,次のようにしても解ける.

$$C_h = W_h c_h = 0.220 \times 4.19 = 0.922 \text{ kW/K} = C_{\min}$$

$$C_c = W_c c_c = 1.10 \times 1.88 = 2.07 \text{ kW/K} = C_{\max}$$

$$\frac{C_{\min}}{C_{\max}} = \frac{0.922}{2.07} = 0.445$$

式(6·22)から,

$$\varepsilon = \frac{C_c(T_{c2} - T_{c1})}{C_{\min}(T_{h1} - T_{c1})} = \frac{2.07 \times (25 - 15)}{0.922 \times (70 - 15)} = 0.408$$

図6·16から, $NTU = 0.58$

$$A_o = NTU \times \frac{C_{\min}}{k_2} = 0.58 \times 0.922 \times 2.15 = 1.15 \text{ m}^2$$

$$\therefore \quad L = \frac{1.15}{\pi \times 0.021} = 17.4 \text{ m}$$

6章 | 演習問題

6·1 表面式熱交換器を用いて，流量 9.56 kg/s，入口温度 15.0°C，定圧比熱 4.18 kJ/(kg·K) の水で，流量 8.90 kg/s，定圧比熱 3.74 kJ/(kg·K) のエチルアルコール水溶液を温度 75.0°C から 45.0°C まで冷却する．熱交換器における平均熱通過率は 500 W/(m²·K) である．並流式および向流式にした場合について，それぞれ必要な伝熱面積を求めよ．

6·2 温度 75°C，流量 1.20 kg/s，定圧比熱 2.00 kJ/(kg·K) の油を熱交換器で水と熱交換させて冷却する．使用する水の温度は 25°C，流量は 1.00 kg/s，定圧比熱は 4.20 kJ/(kg·K) である．この場合について，次の問いに答えよ．
 (1) 熱力学的に可能な最大交換熱量（理想交換熱量）を求めよ．
 (2) 実際には，ある向流式熱交換器を使用したところ，油は 40°C にまで冷却された．この熱交換器の温度効率を求めよ．
 (3) 上記(2)の場合で，熱交換器の伝熱面積が 12.4 m² である．平均熱通過率はいくらと推定されるか．

6·3 100°C の飽和水蒸気を管外面で凝縮させることによって，管内を流れる水を加熱するシェル・アンド・チューブ形熱交換器がある．水の初めの温度は 55.0°C，流量は 1.79 kg/s である．熱交換器の管内面の面積は 3.03 m²，水の比熱は 4.19×10^3 J/(kg·K)，凝縮の平均熱伝達率は 9.20×10^3 W/(m²·K)，管材の熱伝導率は 50.0 W/(m·K)，管壁の厚さは 3.00 mm であり，この管壁の厚さは管内径に比べて十分小さいので，管壁内の熱伝導に関しては管壁の曲率を無視して平板とみなして計算してよい．管の内径に対する外径の比は 1.20 であるので，管の内外表面積の違いは考慮する．この熱交換器から出てくる水の温度が 85.0°C であるとき，管内における水の平均熱伝達率はいくらになっていると考えられるか．

6·4 二重管式熱交換器で 18.0°C，0.082 kg/s の水によって，0.066 kg/s の油を 61.0°C から 36.0°C に冷却したい．内管の外径は 24.0 mm，内径は 22.0 mm であり，油が内管内を流れる．油と水を同じ向きに流す場合および逆の向きに流す場合について，それぞれ必要な管の長さを求めよ．ただし，水側および油側の平均熱伝達率をそれぞれ 500 W/(m²·K) および 80 W/(m²·K)，水および油の定圧比熱をそれぞれ 4.19 kJ/(kg·K) および 1.88 kJ/(kg·K) とし，管壁内の熱伝導の抵抗は十分小さくて無視で

きるものとする．

6・5 80.0℃のベンゼンの乾き飽和蒸気を 1.00 kg/s 発生する蒸留塔がある．13.0℃の水 4.70 kg/s を使用して，このベンゼンの蒸気を 47.0℃ の液体になるまで冷却するために，向流式の熱交換器を用いる．熱交換器における熱通過率は，ベンゼンの凝縮部では 2.40 kW/(m²·K)，ベンゼン液の冷却部では 1.26 kW/(m²·K) である．必要な伝熱面積を求めよ．ただし，ベンゼンの蒸発潜熱，液体ベンゼンの定圧比熱および冷却水の定圧比熱は，それぞれ 395 kJ/kg，1.76 kJ/(kg·K) および 4.19 kJ/(kg·K) である．

6・6 両流体とも水である伝熱面積 1.26 m² の向流式熱交換器で，使用開始時には，高温側の水は，入口温度が 80℃，出口温度が 40℃，流量が 0.200 kg/s であり，低温側の水の入口温度は 20℃，出口温度は 40℃ であった．両流体の流量と入口温度を一定に保って長時間使用したところ，伝熱面の汚れのために，高温側の水の出口温度が 44℃ になった．この熱交換器の使用開始時と長時間使用後における熱通過率および温度効率をそれぞれ求めよ．ただし，水の定圧比熱は 4.20 kJ/(kg·K) とする．

6・7 温度 100℃ の飽和水蒸気で 30.0℃ の水 2.20 kg/s を 72.0℃ まで温める伝熱面積 3.47 m² の加熱器がある．水蒸気は飽和水または湿り蒸気の状態で加熱器を出ていく．この加熱器を長時間使用したところ，水側の伝熱面が汚れたために，水の加熱器出口温度が 65.0℃ になった．このときの水側の汚れ係数 [m²·K/W] を求めよ．ただし，水の定圧比熱は 4.20 kJ/(kg·K) とする．

6・8 温度 60℃，流量 0.60 kg/s，定圧比熱 2.00 kJ/(kg·K) の油を熱交換器で水と熱交換させて冷却する．使用する水は，温度 15℃，流量 0.50 kg/s，定圧比熱 4.20 kJ/(kg·K) であり，熱交換器は伝熱面積 6.81 m²，平均熱通過率 285 W/(m²·K) の向流式熱交換器である．このとき，冷却されて出てくる油の温度は何℃になると推定されるか．

6・9 伝熱面積が 38.9 m²，熱通過率が 105 W/(m²·K) のフィン・チューブ形直交流式熱交換器（両流体とも非混合）において，流量 1.53 kg/s，温度 250℃ で流入する高温ガスにより，流量 1.10 kg/s，温度 35℃ の水を加熱する．高温ガスの定圧比熱は 1.00 kJ/(kg·K)，水の定圧比熱は 4.19 kJ/(kg·K) とする．ガスと水の出口温度および交換熱量を求めよ．

演習問題解答

2章 | 熱伝導と熱通過

2·1 $4\pi r^2 dr$ の微小体積要素に熱伝導で入ってくる熱量 Q_r と出ていく熱量 Q_{r+dr} をフーリエの法則を用いて表し，$Q_r = Q_{r+dr}$ とおいて，式を整理すれば求まる．

2·2 $\quad x = 0 \; ; \; \dfrac{dT_A}{dx} = 0, \quad x = a \; ; \; T_A = T_B, \quad x = a \; ; \; -\lambda_A \dfrac{dT_A}{dx} = -\lambda_B \dfrac{dT_B}{dx},$

$\quad x = a \; ; \; -\lambda_A \dfrac{dT_A}{dx} = aH, \quad x = a+b \; ; \; -\lambda_B \dfrac{dT_B}{dx} = \alpha(T_B - T_b)$

の五つの条件を用いて，未定係数を求めればよい．

$$A_0 = aH\left(\dfrac{1}{\alpha} + \dfrac{a}{2\lambda_A} + \dfrac{b}{\lambda_B}\right) + T_b, \quad A_1 = 0, \quad A_2 = -\dfrac{H}{2\lambda_A},$$

$$B_0 = aH\left(\dfrac{1}{\alpha} + \dfrac{a+b}{\lambda_B}\right) + T_b, \quad B_1 = -\dfrac{aH}{\lambda_B}$$

2·3 燃料ペレット内では，熱伝導の基礎微分方程式と境界条件

$$\dfrac{d}{dr}\left(r\dfrac{dT}{dr}\right) = -\dfrac{H}{\lambda}r, \quad r = 0 \; ; \; \dfrac{dT}{dr} = 0, \quad r = R_1 \; ; \; T = T_1$$

を解いて，$T_c - T_1 = \dfrac{HR_1^2}{4\lambda_1}$

被覆管では，式(**2·33**)から，$T_1 - T_2 = \dfrac{HR_1^2}{2\lambda_2} \ln \dfrac{R_2}{R_1}$

外表面では，$T_2 - T_b = \dfrac{HR_1^2}{2\alpha R_2}$

したがって，$T_c - T_b = \dfrac{HR_1^2}{4\lambda_1}\left(1 + \dfrac{2\lambda_1}{\lambda_2}\ln\dfrac{R_2}{R_1} + \dfrac{2\lambda_1}{\alpha R_2}\right)$

2·4 式(**2·25**)から，64.0 W/(m·K)．

2·5 （1） 平板 A と B 内では温度勾配 dT_A/dx, dT_B/dx は一定であるが，平板 C 内では，λ_C が一定であるにもかかわらず，dT_C/dx は一定でなく，3 から 2 に向って次第に大きくなっている．フーリエの法則から，これは熱流束が次第に大きくなっていること以外に原因が考えられない（平板 C の内部で熱が発生していて，その熱が面 3 のほうには流れず，面 2 のほうにのみ流れる場合に，平板 C 内の熱流束は 3 から 2 に向って次第に大きくなる）．したがって，$q_1 = q_2 > q_3$．

（2） 同じ熱流束の値で，$\left|\dfrac{dT_A}{dx}\right|_1 < \left|\dfrac{dT_B}{dx}\right|_1 = \left|\dfrac{dT_B}{dx}\right|_2 < \left|\dfrac{dT_C}{dx}\right|_2$

となっているから，$\lambda_A > \lambda_B > \lambda_C$．

2·6 点 a および b にそれぞれ四方から熱伝導で流入する熱量の総和がゼロであるという点 a と b における熱収支の式をたてて解けばよい．$T_a = 60°$C, $T_b = 40°$C．

2·7 点 0 に点 1, 2, 3, 4 から熱伝導で流入する熱量と空気から点 0 に対流伝熱で入ってくる熱量の総和がゼロであるという熱収支の式をたてると，

$$0.80\left(\dfrac{84-T_0}{0.04}\times 0.02 + \dfrac{72-T_0}{0.04}\times 0.02 + \dfrac{110-T_0}{0.04}\times 0.04 + \dfrac{94-T_0}{0.04}\times 0.04\right)$$
$$+14(20-T_0)\times 0.04 = 0$$

これを解いて，$T_0 = 80°$C．

2·8 式(**2·45**)から，21 mm．

2·9 題意から，$Q_1/Q_2 = 2$．式(**2·45**)を用いて，30 mm．

2·10 $Q \leq 0.0327 \times 0.02 \times 2202 \times 10^3 = 1440$ W．

式(**2·58**)の分母の第 1 項を省略した式から，$R \geq 0.022\exp\left(1.29 - \dfrac{0.016}{R}\right)$

これを繰り返し計算で解いて，$R \geq 62$ mm．

したがって，保温材の厚さは 40 mm 以上．

2·11 式(**2·70**)の分母において，二つの金属球殻内の半径方向熱伝導の抵抗および内側球の内面と冷媒との熱伝達の抵抗に相当する項を省略し，断熱材の熱伝導の抵抗と外側球の外面と外気との熱伝達の抵抗に相当する項のみを残して，計算すればよい．

いまの場合，金属球殻内の熱伝導の抵抗は二つとも無視してよいので，式(2·69)を適用してもよい．$Q=23.0$ W

2·12 式(2·85)と式(2·91)から，① 40.1 W，90.5%，② 16.5 W，37.2%，③ 3.53 W，8.0%．フィンの形状と寸法が同一の場合，熱伝導率が大きい材質のフィンほど，放熱量が大きく，フィン効率も高い．

2·13 題意から，$\alpha(T_0-T_b)(A_0-NA)+NQ_f=2\alpha(T_0-T_b)A_0$．$Q_f$ は式(2·85)または式(2·89)から求まる．3730 本．

3章 対流伝熱

3·1 空気側にフィンを付ける．熱通過を促進するためには，熱通過の抵抗を構成している各熱抵抗のうちの最大の抵抗を小さくすればよい（2·3·5節参照）．金属壁内の熱伝導の抵抗は一般に極めて小さい．空気側の熱伝達率は，水側の熱伝達率に比べて，通常2桁程小さい（たとえば，例題3·8参照）．したがって，いまの場合，空気側の熱伝達の抵抗が最大であるので，これを小さくすればよい．フィンを付けることによって，熱抵抗 $1/(\alpha A)$ の A を大きくできるので，この熱抵抗が小さくなる（例題2·11参照）．

3·2 （1） 一様な温度の平板に沿った流れであるから，式(3·7)を適用して平均熱伝達率を求めればよい．

（2） 平均熱伝達率と伝熱面積は変わらずに，温度差のみが0.5倍になるので，式(3·4)から，0.5倍．

（3） 式(3·67)から，平均熱伝達率は主流の速度の0.5乗に比例するので，式(3·4)から，0.707倍．

（4） 平均熱伝達率は平板の長さの0.5乗に反比例し，しかも伝熱面積が0.5倍になるので，式(3·4)から，0.707倍．

3·3 平板表面温度は平板の後縁で最大になるので，ここでの熱伝達を考えればよい．式(3·62)と式(3·68)を用いて，16.1 m/s以上．なお，$u_o=16.1$ m/sのとき，レイノルズ数 $Re=u_oL/\nu=1.61\times10^5$．したがって，平板上全面で層流境界層とみなせるので，式(3·68)を用いてよい．

3·4 関係する伝熱は丸棒内の伝導と空気と接している丸棒端面での対流であるから，

式(**2・45**)の分母の第1項を省略した式から，$T_1 = \dfrac{Q}{A}\left(\dfrac{\delta}{\lambda} + \dfrac{1}{\alpha}\right) + T_2 \leq 80°C$

これより，$\alpha \geq 119$ W/(m^2・K)．したがって，与式から，13.0 m/s 以上．

3・5 二つの実験の場合をAおよびBとすると，空気の近寄り温度は同じだから，$Pr_A = Pr_B$．したがって，

$$\frac{\alpha_B}{\alpha_A} = \left(\frac{u_{0B}}{u_{0A}}\right)^m \left(\frac{L_A}{L_B}\right)^{1-m}$$

上式の両辺の対数をとって，m を求める式に整理し，AとBの実験値を用いると，

$$m = \frac{\ln \dfrac{90}{74}}{\ln \dfrac{20}{15}} = 0.68$$

（**1**）と（**2**）のいずれの場合も近寄り温度は実験と同じであるから，空気の物性値も変わらない．与えられた式を用いて，（**1**）と（**2**）それぞれの場合といずれかの実験の熱伝達率の比を考えればよい．

（**1**） 72 W/(m^2・K)， （**2**） 53 W/(m^2・K)

3・6 $q = -\lambda \left(\dfrac{\partial T}{\partial y}\right)_{y=0} = \dfrac{4\lambda(T_w - T_m)}{R}$ となるので，$Nu = \dfrac{\alpha D}{\lambda} = 8$

3・7 流れの中に微小体積要素 $dx \cdot dy \cdot 1$ を仮想し，これに関する熱量の収支を考えると，次のエネルギー式が求まる．

$$u\frac{\partial T}{\partial x} = a\frac{\partial^2 T}{\partial y^2}$$

この式に u の与式を代入し，$dT_w/dx = $ const. であるから $\partial T/\partial x = $ const. であることを考慮して，境界条件 $y = 0$；$\partial T/\partial y = 0$，$y = b$；$T = T_w$ のもとで積分すればよい．

式(**3・83**)を用いて，$T_w - T_m = \dfrac{136}{175}(T_w - T_c)$．

$$q = \lambda \left(\frac{\partial T}{\partial y}\right)_{y=b} = \frac{35}{17}\frac{\lambda}{b}(T_w - T_m) \quad \text{となるので，}$$

$$Nu = \frac{2\alpha b}{\lambda} = \frac{70}{17} = 4.12.$$

3・8 33°Cにおける空気の密度を表 **3・4** から内挿して求めて,
$W = 0.0205 \times 1.154 = 0.0237$ kg/s

$T_w = 0$°Cであるから,式(**3・85**)から,$T_m - T_w = \dfrac{33-23}{\ln\dfrac{33}{23}} = 27.7$°C $= T_m$.

27.7°Cにおける空気の物性値を表 **3・4** から内挿して求める.
$Q = 0.0237 \times 1.007 \times 10^3 (33-23) = 239$ W
$Re = 3.95 \times 10^4$. したがって乱流である. 式(**3・93**)から, $\alpha = 61$ W/(m²·K).
$Q = \alpha(T_m - T_w)\pi DL$ から, $L = 1.1$ m.

3・9 $q = 916 \times 0.45 = 412$ W/m² $= \alpha(T_w - T_\infty)$. T_w の値を仮定して,式(**3・99**)または式(**3・100**)〔実際には,いまの場合 $GrPr > 10^7$ になるので,式(**3・100**)〕から α を求め,上式から T_w を算出して,仮定値と等しくなるまで繰り返し計算を行う.
$T_w = 91$°C.

3・10 式(**2・33**)と式(**3・4**)を適用して,$\dfrac{Q}{L} = \dfrac{2\pi\lambda(T_i - T_o)}{\ln\dfrac{R_o}{R_i}} = \alpha(T_o - T_b)2\pi R_o$

したがって, $0.96(100 - T_o) = 0.625\alpha(T_o - 20)$. T_o の値を仮定して,式(**3・103**)から α を求め,上式から T_o を算出して,仮定値と等しくなるまで繰り返し計算を行う. $T_o = 41.7$°C, $\alpha = 4.12$ W/(m²·K) となる.

したがって, $\dfrac{Q}{L} = 56$ W/m.

4章 相変化を伴う熱伝達

4・1(1) $\alpha = \dfrac{q}{\Delta T_s}$, $n = \dfrac{\ln\dfrac{\alpha_1}{\alpha_2}}{\ln\dfrac{q_1}{q_2}}$, $C_1 = \dfrac{\alpha}{q^n}$ から n と C_1 を求める. $\alpha = 2.50 q^{0.70}$

(2)(1)で得た式から,$q^{0.30} = 2.50\Delta T_s$. この式から,$q = 3.55 \times 10^5$ W/m².
$Q = 1.64 \times 10^3$ W.

4・2(1) 式(**4・19**)から, $\delta = 0.0637$ mm

(2) 式(4·15)から，$\Gamma = 2.50 \times 10^{-3}$ kg/(m·s)
(3) 式(4·23)から，$Re_f = 31.7$
(4) 式(4·22)から，$\alpha = 1.41 \times 10^4$ W/(m²·K)

5章　放射伝熱

5·1 式(5·29)から，$F_{12} + F_{13} = 1$，$F_{21} + F_{23} = 1$，$F_{31} + F_{32} = 1$.
式(5·28)から，$l_1 F_{12} = l_2 F_{21}$，$l_1 F_{13} = l_3 F_{31}$，$l_2 F_{23} = l_3 F_{32}$.
以上の式から，$F_{12} = \dfrac{l_1 + l_2 - l_3}{2 l_1}$

5·2 面2の下側の空げきの部分に，面1と直交する 0.5 m × 1.0 m の面2′を仮想し，面II＝面2＋面2′とする．図5·5から，$F_{1\,\mathrm{II}} = 0.20$，$F_{12'} = 0.15$ であるから，$F_{12} = F_{1\,\mathrm{II}} - F_{12'} = 0.05$．式(5·23)から，$Q = 275$ W.

5·3 式(5·27)から，$F_{12} = 0.115$．式(5·38)から，$Q = 134$ W.

5·4 真空であるから，球からの放熱は放射によってのみ行われる．定常状態であるから，この放射伝熱量はヒータの出力に等しい．黒く塗った箱の内面の放射率は1と考えてよく，また球の箱内面に対する形態係数 F_{12} は1であるので，式(5·41)を適用してよい．
　　　$\varepsilon = 0.69$.

5·5 平板が吸収する太陽エネルギー $q_1 = 727$ W/m². 平板が放出する放射エネルギーは，式(5·41)から，$q_2 = 432$ W/m². 周囲の空間は真空であるから，平板表面からの対流伝熱はない．平板の熱収支を考えて，$q = q_1 - q_2 = 295$ W/m².

5·6 (1) 式(5·39)から，$Q/L = 0.51$ W/m.
(2) 第三の管（防熱管）を挿入した場合の放射伝熱の等価回路は図5·11と同様であり，その抵抗の総和は 1647 m/m². したがって，$Q/L = 0.24$ W/m となり，減少割合は53%.
(3) 図5·11に示した抵抗からもわかるように，挿入する第三の管の表面積 A_3 が小さいほど，抵抗は大きくなる．したがって，直径を 36.0 mm よりも小さくすれば，内管の受熱量はもっと減少し，大きくすれば増加する．

5·7 放射による伝熱量は，式(5·41)から，60.8 W/m. したがって，対流による伝熱

量は 79.2 W/m であるから，$\alpha = 14$ W/(m²·K)．

5・8 空気の真の温度 T_a は不明であるから，熱電対の温度 $T_t = 550°C$ で空気の物性値を表 **3・4** から見積る〔正しくは $(T_a + T_t)/2$ における物性値〕．$Re = 85$ となり，与式から，$\alpha = 123$ W/(m²·K)．熱電対の熱収支を考えて，

$$\alpha(T_a - T_t) = 5.67\varepsilon_t\left[\left(\frac{T_t}{100}\right)^4 - \left(\frac{T_w}{100}\right)^4\right]$$

この式から T_a を求める（$T_w = 663$ K）．$T_a = 550 + 22 = 572°C$．
$(572 + 550)/2 = 561°C$ における空気の物性値は 550°C における値とほとんど変わらないので，上の計算でよい．

5・9 $Nu = 2$ から，$\alpha = 168$ W/(m²·K)．小球の熱収支を考えて，

$$\alpha(T_g - T) = 5.67\varepsilon\left[\left(\frac{T}{100}\right)^4 - \left(\frac{T_w}{100}\right)^4\right]$$

この式から繰り返し計算によって小球の温度 T を求める．$T = 1079$ K $= 806°C$．

5・10 屋根が吸収する太陽エネルギーは 412 W/m²．屋根の熱収支を考えて，

$$5.67 \times 0.45\left[\left(\frac{T_w}{100}\right)^4 - 3.03^4\right] + \alpha(T_w - 303) = 412$$

T_w を仮定して，式(**3・100**)から α を求め，上式から T_w を算出して，仮定値と等しくなるまで繰り返し計算を行う．$T_w = 346$ K $= 73°C$．

5・11 図 **5・13** の場合に相当する．
　図 **5・4** から，$F_{12} = 0.24$（したがって，$F_{13} = F_{23} = 0.76$）．
　式(**5・45**)あるいは式(**5・47**)から，$Q = 248$ W．

6章　熱 交 換 器

6・1 式(**6・1**)から，$Q = 999$ kW，$T_{c2} = 40.0°C$．
　並流式：式(**6・3**)と式(**6・4**)から，$\Delta T_m = 22.1°C$ となり，
　　　　　式(**6・6**)から，$A = 90.4$ m²．
　向流式：$\Delta T_m = 32.4°C$，$A = 61.7$ m²．

6・2（1）$C_c = 4.20$ kW/K $= C_{max}$，$C_h = 2.40$ kW/K $= C_{min}$ であり，式(**6・21**)から，$Q_\infty = 120$ kW．

（2） $Q = 84$ kW になるので，式(**6・19**)から，$\varepsilon = 70\%$．

（3） $T_{c2} = 45°C$，$\Delta T_m = 21.6°C$ となり，式(**6・6**)から，$k = 314$ W/(m²·K)．

6・3 $Q = 2.25 \times 10^5$ W，$\Delta T_m = 27.3°C$，$k = 2.72 \times 10^3$ W/(m²·K) となるので，式(**2・60**)で右辺第二項を δ/λ で置き換えた式から，$\alpha = 4.61 \times 10^3$ W/(m²·K)．

6・4 $Q = 3.10 \times 10^3$ W，$T_{c2} = 27.0°C$

式(**2・63**)で定義される熱通過率 k_l は，式(**2・64**)から，$k_l = 4.82$ W/(m·K)．

並流式：$\Delta T_m = 21.7°C$，

$$L = \frac{Q}{k_l \Delta T_m} = 29.6 \text{ m}$$

向流式：$\Delta T_m = 25.2°C$，$L = 25.5$ m．

6・5 熱交換器におけるベンゼンと水の温度変化は右図のようになるので，熱交換器をベンゼンの凝縮部と液冷却部の二つに分けて，それぞれについて計算する．

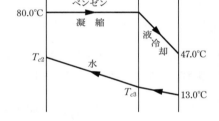

全交換熱量 $Q = 453$ W

液冷却部交換熱量 $Q_1 = 58$ W

凝縮部交換熱量 $Q_2 = 395$ W，$T_{c2} = 36.0°C$，$T_{c3} = 15.9°C$．

液冷却部：$\Delta T_{m1} = 47.5°C$，$A_1 = 0.97$ m²．

凝縮部：$\Delta T_{m2} = 53.4°C$，$A_2 = 3.08$ m²．

$A = A_1 + A_2 = 4.05$ m²．

6・6 使用開始時：$Q_A = 3.36 \times 10^4$ W，$W_c = 0.400$ kg/s，$\Delta T_{mA} = 28.9°C$ となり，

式(**6・6**)から，$k_A = 923$ W/(m²·K)．

いまの場合 $C_{\min} = C_h$ であるので，式(**6・23**)から，$\varepsilon_A = 66.7\%$．

長時間使用後：$Q_B = 3.02 \times 10^4$ W，$T_{c2B} = 38.0°C$，$\Delta T_{mB} = 32.2°C$ となり，

$k_B = 744$ W/(m²·K)，$\varepsilon_B = 60.0\%$．

6・7 清浄面の場合：$Q_A = 3.88 \times 10^5$ W，$\Delta T_{mA} = 45.9°C$，

$k_A = 2.44 \times 10^3$ W/(m²·K)．

汚損面の場合：$Q_B = 3.23 \times 10^5$ W，$\Delta T_{mB} = 50.5°C$，

$k_B = 1.84 \times 10^3$ W/(m²·K)．

したがって，式(**6·38**)から，$R_f = \dfrac{1}{k_B} - \dfrac{1}{k_A} = 1.3 \times 10^{-4}$ m^2·K/W

6·8 $\varepsilon - NTU$ の方法で解く．

$C_h = 1.20$ kW/K $= C_{\min}$, $C_c = 2.10$ kW/K $= C_{\max}$, $C_{\min}/C_{\max} = 0.571$, $NTU = 1.62$ であるから，図 **6·16** から，$\varepsilon = 0.70 = 70\%$．

式(**6·23**)から，$T_{h2} = 30\,°$C．

6·9 $\varepsilon - NTU$ の方法で解く．

$C_h = 1.53$ kW/K $= C_{\min}$, $C_c = 4.61$ kW/K $= C_{\max}$, $C_{\min}/C_{\max} = 0.332$, $NTU = 2.67$ であるから，図 **6·19** から，$\varepsilon = 0.84$．

式(**6·21**)から，$Q_\infty = 329$ kW．式(**6·19**)から，$Q = \varepsilon Q_\infty = 276$ kW．$T_{h2} = 250 - 276/1.53 = 70\,°$C．$T_{c2} = 35 + 276/4.61 = 95\,°$C．

引 用 文 献

3章

(1) Zhukauskas, A., *Advances in Heat Transfer*, 8, 93, Academic Press, 1972.
(2) Shah, R. K. and A. L. London, *Advances in Heat Transfer*, Suppl. 1, Academic Press, 1978.
(3) Kays, W. H. and M. E. Crawford, *Convective Heat and Mass Transfer*, 2nd ed., 275, McGraw-Hill, 1980.
(4) Dittus, F. W. and L. M. Boelter, Univ. Calif.(Berkeley)Pub. Eng., 2, 443, 1930.
(5) Churchill, S. W. and H. H. S. Chu, Int. J. Heat Mass Transfer, 18, 1323, 1975.
(6) 藤井哲, 伝熱工学の進展, 3, 1, 養賢堂, 1974.
(7) McAdams, W. H., *Heat Transmission*, 3rd ed., 180, McGraw-Hill, 1954.
(8) Fujii, T. and H. Imura, Int. J. Heat Mass Transfer, 15, 755, 1972.
(9) Gebhart, B., *Heat Transfer*, 270, McGraw-Hill, 1961.
(10) Morgan, V. T., *Advances in Heat Transfer*, 11, 199, Academic Press, 1975.

4章

(1) Kutateladze, S. S., AEC-Translation-3770, 1952.
(2) Stephan, K, and M. Abdelsalam, Int. J. Heat MassTransfer, 23-1, 73, 1980.
(3) Kutateladze, S. S., AEC-Translation-3405, 1953.
(4) Nusselt, W., VDI-Z, 60, 541, 1916.
(5) 藤井哲・小田鴿介, 日本機械学会論文集, B, 52-474, 822, 1986.

5章

(1) Howell, J. R., *A Catalog of Radiation Configuration Factors*, McGraw-Hill, 1982.

6章

(1) Bowman, R. A., A. C. Mueller and W. M. Nagle, Trans. ASME, 62, 283, 1940.
(2) Kays, W. M., and A. L. London, *Compact Heat Exchangers*, 2nd ed., McGraw-Hill, 1964.
(3) *Standard of Tubular Exchanger Manufactures Association*, 6th ed., 140, 1978.

索　引

〔C〕
CHF　*113*

〔D〕
DNB　*113, 114, 115*

〔N〕
NTU　*184*

〔い〕
イナンデーション　*122*

〔う〕
運動方程式　*56, 57*

〔え〕
液膜厚さ　*121*
液膜レイノルズ数　*121*
エネルギー式　*56, 57*
円管における熱伝導の抵抗　*20*

〔お〕
温度境界層　*71, 79*
温度効率　*181*
温度助走区間　*79*
温度伝導率　*10, 57*
温度分布が十分発達した流れ　*79*

〔か〕
灰色体　*129, 137*
灰色面間の放射伝熱　*137*
回転式熱交換器　*163*
外部流動沸騰　*102, 110*
外部流動沸騰熱伝達　*110*
核沸騰　*102, 104, 111, 115*
核沸騰の熱伝達率　*104*
隔壁式熱交換器　*160*
環状噴霧流　*111*
環状流　*111, 115, 124*
管内流　*79*
管内流凝縮　*124*
管内流沸騰　*102, 111*
管内流沸騰熱伝達　*111*

〔き〕
気液二相の流動様式　*111, 114, 124*
気泡核　*104*
気泡流　*111, 115*
キャビティ　*104*
球殻における熱伝導の抵抗　*22*
吸収率　*127*
境界層　*36, 56, 70, 76, 80*
凝縮　*117*
凝縮液　*117*
凝縮熱伝達　*117*
強制対流　*3, 55, 65, 70, 115*
強制対流凝縮　*118, 124*
強制対流蒸発熱伝達　*112*
強制対流熱伝達　*70*
共存対流凝縮　*118, 124*
局所ヌセルト数　*64*
局所熱伝達係数　*54*
局所熱伝達率　*54*
局所熱流束　*54*
極小熱流束点　*103*
極大熱流束　*103, 106*

索引

極大熱流束点　103
切換式熱交換器　163
キルヒホッフの法則　129

〔く〕

クオリティ　111
グラスホフ数　63, 94

〔け〕

形態係数　132
限界クオリティ　113
限界熱流束　113
限界熱流束点　103

〔こ〕

向流式熱交換器　164, 166, 184
黒体　128, 138
黒体面間の放射伝熱　131
碁盤目配列　76, 123
混合式熱交換器　163
混合平均温度　79

〔さ〕

再生式熱交換器　162
サブクール核沸騰　106, 111
サブクール度　102, 106, 111
サブクール沸騰　102

〔し〕

シェル・アンド・チューブ形熱交換器　160
四角フィン　40
自然対流　3, 55, 65, 93
自然対流熱伝達　93
ジャケット式熱交換器　162
自由対流　3, 55, 93
十分発達した温度分布　79
十分発達した速度分布　79
十分発達した流れ　79
主流　70
助走区間　79

〔す〕

垂直管内沸騰　111
水平管内沸騰　114
ステファン・ボルツマン定数　5, 128
ステファン・ボルツマンの法則　128
スラグ流　111, 115

〔せ〕

接触熱抵抗　18
接続断熱面　150
遷移沸騰　103, 106
全吸収率　129
選択吸収　129
選択放射　129
せん断力　118
全放射率　129

〔そ〕

層状流　114, 124
相変化　101
層流　55, 119
速度分布が十分発達した流れ　79
速度境界層　70, 79
速度助走区間　79

〔た〕

対向流式熱交換器　164
対数平均温度差　78, 81, 166, 168
体積力　93, 118
体積力対流凝縮　118
体膨張係数　63, 94
対流伝熱　3, 5, 53
対流伝熱の相似則　63
対流伝熱の促進　72
対流伝熱の抵抗　5
多管式熱交換器　160
多重平行流式熱交換器　164, 168
単管式熱交換器　162
単色吸収率　129
単色ふく射率　129
単色放射能　129
単色放射率　129
断熱材　22

〔ち〕

蓄熱式熱交換器　162
千鳥配列　77, 133

チューブフィン形熱交換器 160
直接接触式熱交換器 163
直線フィン 40
直交流式熱交換器 165, 168

〔て〕

定常状態 7
滴状凝縮 117, 124
伝熱促進 34, 72
伝熱面過熱度 102
伝熱面積 4, 53, 167
伝熱量 1

〔と〕

等価直径 83
透過率 127
ドライアウト 112, 114, 115

〔に〕

二重管式熱交換器 162
二相強制対流熱伝達 112
二面からなる系の放射伝熱 140

〔ぬ〕

ヌセルト数 63
ヌセルトの式 121

〔ね〕

熱交換器 159
熱交換有効率 181
熱通過 4, 22, 166
熱通過係数 5, 23
熱通過単位数 184
熱通過の抵抗 4, 23
熱通過率 4, 23, 166
熱抵抗 1
熱伝達 3, 5, 53
熱伝達係数 5, 53
熱伝達の抵抗 5, 23, 36, 71
熱伝達率 5, 53
熱伝導 3, 4, 7
熱伝導の基礎微分方程式 8
熱伝導の抵抗 4, 24, 36
熱伝導率 4, 7
熱ふく射 127
熱放射 3, 127
熱容量流量 181
熱流束 6
粘性底層 55, 70

〔は〕

バーンアウト 113
バーンアウト点 103
波状流 114, 121, 124
発達した核沸騰 111
反射率 127

〔ひ〕

非定常状態 7
ビオ数 15

表面式熱交換器 160, 165

〔ふ〕

フーリエの法則 7, 53
プール沸騰 102
プール沸騰熱伝達 102
フィン 36
フィン・アンド・チューブ形熱交換器 161
フィン効率 40
フィン・チューブ形熱交換器 160
ふく射 127
ふく射能 128
ふく射率 128
沸騰 101
沸騰開始点 102
沸騰危機 113
沸騰曲線 102
沸騰特性曲線 102
沸騰熱伝達 101
部分核沸騰 110
プラントル数 63, 71
浮力 93
プレート式熱交換器 161
プレートフィン・アンド・チューブ形熱交換器 161
プレートフィン形熱交換器 161
噴霧流 113

〔へ〕

平均ヌセルト数 64
平均熱伝達係数 54
平均熱伝達率 54

平均熱流束　*54*
平板における熱伝導の抵抗
　　17
並流式熱交換器　*164,
　166, 182*
ペクレ数　*63*

〔ほ〕

放射　*3, 127*
放射強度　*130*
放射伝熱　*3, 5*
放射伝熱に対する空間での抵
　抗　*139*
放射に対する物体表面での抵
　抗　*138*
放射能　*128*
放射率　*128*
棒状フィン　*36*
防熱板　*146*
飽和核沸騰　*104, 112*
飽和沸騰　*102, 111*
保温材　*22*
ポストドライアウト熱伝達
　113

〔ま〕

膜温度　*72*
膜状凝縮　*117, 118*
膜沸騰　*103, 106, 113*

〔み〕

みかけの熱伝導率　*22*

〔ゆ〕

有効熱伝導率　*22*

〔よ〕

汚れ係数　*191*

〔ら〕

ライデンフロスト点　*103*
乱流　*55, 121*

〔り〕

理想交換熱量　*181*
流動沸騰　*102*
臨界グラスホフ数　*94*
臨界レイノルズ数　*70*

〔れ〕

レイノルズ数　*63*
連続の式　*56, 57*

<著者略歴>

吉田　駿（よしだ　すぐる）

1939 年　大阪府に生まれる。
1962 年　九州大学工学部機械工学科卒業
1967 年　九州大学大学院工学研究科博士課程単位修得退学
1967 年　九州大学工学部講師
1968 年　九州大学工学部助教授
1973 年　工学博士
1979 年　九州大学工学部教授
現　在　九州大学名誉教授
　　　　日本機械学会名誉員、
　　　　日本伝熱学会名誉会員

- 本書の内容に関する質問は，オーム社ホームページの「サポート」から，「お問合せ」の「書籍に関するお問合せ」をご参照いただくか，または書状にてオーム社編集局宛にお願いします．お受けできる質問は本書で紹介した内容に限らせていただきます．なお，電話での質問にはお答えできませんので，あらかじめご了承ください．
- 万一，落丁・乱丁の場合は，送料当社負担でお取替えいたします．当社販売課宛にお送りください．
- 本書の一部の複写複製を希望される場合は，本書扉裏を参照してください．
  [JCOPY]＜出版者著作権管理機構 委託出版物＞
- 本書籍は，理工学社から発行されていた『伝熱学の基礎』を改訂し，第 2 版としてオーム社から版数を継承して発行するものです．

伝熱学の基礎（第 2 版）

1999 年 10 月 15 日　第 1 版第 1 刷発行
2019 年 11 月 30 日　第 2 版第 1 刷発行
2021 年 11 月 30 日　第 2 版第 4 刷発行

著　　者　吉田　駿
発 行 者　村上和夫
発 行 所　株式会社 オーム社
　　　　　郵便番号　101-8460
　　　　　東京都千代田区神田錦町 3-1
　　　　　電話　03(3233)0641(代表)
　　　　　URL　https://www.ohmsha.co.jp/

© 吉田 駿 2019

印刷・製本　平河工業社
ISBN978-4-274-22438-6　Printed in Japan

本書の感想募集　https://www.ohmsha.co.jp/kansou/
本書をお読みになった感想を上記サイトまでお寄せください．
お寄せいただいた方には，抽選でプレゼントを差し上げます．

● 好評既刊

JISにもとづく 機械設計製図便覧（第13版） 最新刊
大西 清 著　　　　　　　　　　　　B6判　上製　720頁　本体4000円【税別】
すべてのエンジニア必携。あらゆる機械の設計・製図・製作に対応。

JISにもとづく 標準製図法（第15全訂版）
大西 清 著　　　　　　　　　　　　A5判　上製　256頁　本体2000円【税別】
JIS B 0001：2019対応。日本のモノづくりを支える、製図指導書のロングセラー。

機械力学の基礎と演習（第2版）
萩原芳彦 監修／宮坂明宏・関口和真 編著　　A5判　並製　208頁　本体2500円【税別】
解いて学ぶ！初学者の問題解決に役立つ入門書［例題］57問、［演習］161問を掲載！

機械設計 ― 機械の要素とシステムの設計 ―（第2版）
吉本・下田・野口・岩附・清水 共著　　A5判　並製　368頁　本体3400円【税別】
機械要素の基礎知識から高度な設計法まで。「リンク機構」「カム機構」を増補。最新JIS対応。

詳解 工業力学［第2版］
入江敏博 著　　A5判　224頁　本体2200円【税別】

総説 機械材料［第4版］
落合 泰 著　　A5判　192頁　本体1800円【税別】

流体の力学 ― 水力学と粘性・完全流体力学の基礎 ―
松尾一泰 著　　A5判　296頁　本体3500円【税別】

圧縮性流体力学 ― 内部流れの理論と解析 ―［第2版］
松尾一泰 著　　A5判　376頁　本体3600円【税別】

トライボロジー［第2版］
山本雄二・兼田楨宏 共著　　A5判　272頁　本体3300円【税別】

基礎 機械設計工学［第4版］
兼田・山本 共著　　A5判　256頁　本体2900円【税別】

機械工学入門シリーズ

機械材料入門[第3版]　佐々木雅人 著　　A5判 並製 232頁　本体2100円【税別】

機械力学入門[第3版]　堀野正俊 著　　A5判 並製 152頁　本体1800円【税別】

生産管理入門[第4版]　坂本・細野 共著　　A5判 並製 232頁　本体2200円【税別】

機械設計入門[第4版]　大西 清 著　　A5判 並製 256頁　本体2300円【税別】

機械工学一般[第3版]　大西 清 編著　　A5判 並製 184頁　本体1700円【税別】

マンガでわかる 溶接作業
[漫画]野村宗弘＋[解説]野原英孝　　A5判　並製　168頁　本体1600円【税別】
大人気コミック『とろける鉄工所』のキャラクターたちが大活躍！

◎本体価格の変更、品切れが生じる場合もございますので、ご了承ください。
◎書店に商品がない場合または直接ご注文の場合は下記宛にご連絡ください。
TEL.03-3233-0643　FAX.03-3233-3440　https://www.ohmsha.co.jp/